Vasudevan Arun

Uma introdução à química quântica básica

Vasudevan Arun

Uma introdução à química quântica básica

ScienciaScripts

Imprint

Any brand names and product names mentioned in this book are subject to trademark, brand or patent protection and are trademarks or registered trademarks of their respective holders. The use of brand names, product names, common names, trade names, product descriptions etc. even without a particular marking in this work is in no way to be construed to mean that such names may be regarded as unrestricted in respect of trademark and brand protection legislation and could thus be used by anyone.

Cover image: www.ingimage.com

This book is a translation from the original published under ISBN 978-620-8-01173-4.

Publisher:
Sciencia Scripts
is a trademark of
Dodo Books Indian Ocean Ltd. and OmniScriptum S.R.L publishing group

120 High Road, East Finchley, London, N2 9ED, United Kingdom
Str. Armeneasca 28/1, office 1, Chisinau MD-2012, Republic of Moldova, Europe
Printed at: see last page
ISBN: 978-620-8-13478-5

Copyright © Vasudevan Arun
Copyright © 2024 Dodo Books Indian Ocean Ltd. and OmniScriptum S.R.L publishing group

Prefácio

A química quântica é uma disciplina muito avançada e o impacto da química quântica na explicação dos fenómenos do mundo natural não pode ser subestimado. A química quântica tem um carácter multidisciplinar e pode ser compreendida em profundidade com conhecimentos básicos de mecânica quântica, princípios de física, biologia e matemática. Este livro apresenta simplesmente a química quântica, o que pode ser muito útil para os principiantes neste domínio. Todos os esforços foram feitos para fornecer tópicos que sejam de grande utilidade para os estudantes de graduação e pós-graduação em química nas Universidades. Este livro conciso inclui dez capítulos que cobrem os postulados básicos da mecânica quântica e as suas aplicações a alguns problemas exatamente solucionáveis em química. No final de cada capítulo é também fornecido um bom número de questões e problemas.

Estamos gratos à LAMBERT Academic Publishing, pelos seus esforços incansáveis para lançar o livro com uma excelente impressão e uma boa apresentação no mais curto espaço de tempo possível.
As sugestões para melhorar o livro são muito bem-vindas.

Punalur   Capitão Dr. Vasudevan Arun

agosto de 2024

Conteúdo

CAPÍTULO 1
Introdução

A mecânica quântica é uma ciência teórica que se ocupa da ciência do movimento das partículas microscópicas, como as partículas atómicas e subatómicas. Este ramo científico é totalmente diferente da mecânica clássica e da mecânica relativa. A mecânica clássica trata do movimento de partículas que não são demasiado pequenas nem demasiado grandes, enquanto a mecânica relativa trata do movimento de corpos demasiado grandes. A mecânica quântica é a descrição matemática correta do comportamento dos electrões e, por conseguinte, da química. O estudo da mecânica quântica é importante porque as propriedades físico-químicas dos átomos e das moléculas, as suas estruturas, propriedades espectrais e reacções podem ser interpretadas em termos do movimento de micropartículas.

O termo "Mecânica Quântica" foi cunhado pela primeira vez por Max Born em 1924 e é composto por duas palavras: Quantum e Mecânica. O termo Mecânica refere-se à ciência do movimento das partículas. A palavra latina Quantum entrou em uso em 1900 pelo físico Max Planck e representava, através de uma equação matemática, a unidade discreta mais pequena possível de qualquer propriedade física denominada quanta (plural de Quantum).

As leis da mecânica explicam as propriedades dinâmicas (posição, momento, energia, etc.) das partículas. A mecânica clássica não impõe qualquer restrição a estas propriedades. Ou seja, qualquer valor, grande ou pequeno, é admissível. No entanto, as medições experimentais de sistemas atómicos e moleculares mostram que cada propriedade dinâmica tem um conjunto de valores bem definido. Um eletrão em movimento à volta do núcleo tem um conjunto discreto de valores de energia. Esta discretização foi designada por "quantização", que não pode ser explicada com base nos princípios da mecânica clássica. Para explicar o fenómeno da quantização das partículas microscópicas, os cientistas postularam uma nova mecânica, designada por mecânica quântica.

A química quântica, também conhecida como mecânica quântica molecular, é uma divisão da química que emprega a mecânica quântica no estudo dos sistemas químicos para descrever matematicamente as propriedades fundamentais dos átomos e das moléculas. Um conhecimento completo da química quântica ajuda a calcular as propriedades químicas de um sistema em termos de uma função de onda que descreve toda a estrutura eletrónica dos seus átomos e moléculas. Os modelos da mecânica quântica prevêem corretamente a energia quantizada dos átomos e das moléculas e explicam a sua dualidade onda-partícula.

Papel da química quântica

O estudo da química quântica é importante porque os cientistas podem explicar as propriedades físico-químicas dos átomos e das moléculas, as suas estruturas, propriedades espectrais e reacções podem ser interpretadas em termos do movimento de partículas microscópicas. A química quântica tem aplicação em todos os domínios da ciência, nomeadamente a química, a biologia, a física, a matemática e outros domínios integrados. Alguns domínios importantes da química em que a mecânica quântica é utilizada são os seguintes

1. **A físico-química** aplica os resultados da mecânica quântica para calcular as propriedades termodinâmicas, as propriedades moleculares, etc., da matéria a granel através da mecânica estatística. A química quântica fornece as propriedades/observáveis de uma única

partícula/entidade. A mecânica estatística fornece as propriedades da matéria a granel. Para estudar as propriedades globais de uma mole de hidrogénio gasoso (constituído por um grande número de moléculas de hidrogénio), os resultados da mecânica quântica são tomados como dados de entrada na mecânica estatística, onde uma espécie de média estatística sobre todo o sistema fornece as propriedades globais. Isto é possível porque a regra básica que rege o movimento de cada molécula no gás é a mesma e segue os princípios da mecânica quântica. Por conseguinte, utilizamos a mecânica quântica como um contributo para a mecânica estatística, a fim de estudar a média estatística do sistema global.

2. **A química orgânica** é o estudo dos compostos que contêm carbono. A mecânica quântica é uma ferramenta poderosa que revolucionou a nossa compreensão da química orgânica. Fornece uma estrutura para compreender as estabilidades relativas, para calcular as propriedades dos intermediários de reação, para investigar os mecanismos das reacções químicas e para analisar os espectros de RMN de compostos orgânicos.

3. **A química analítica** utiliza extensivamente métodos espectroscópicos que decorrem dos fundamentos da química quântica. Todos os espectros são compreendidos e interpretados através de um conhecimento profundo dos princípios básicos da mecânica quântica.

4. **A química inorgânica** utiliza a teoria do campo ligante, que é um método mecânico quântico aproximado utilizado para prever e explicar as propriedades dos iões de complexos de metais de transição. Toda a estrutura atómica provém da Mecânica Quântica - orbitais, forma dos orbitais, ligações, etc.

5. **Bioquímica**, onde foram efectuados com êxito estudos de mecânica quântica sobre moléculas biológicas, ligação de enzimas a substratos, etc.

6. **A química computacional** utiliza computadores para estudar e resolver os problemas químicos. Quando a teoria dos problemas químicos está bem estabelecida com a ajuda da química teórica, pode ser automatizada em programas informáticos para calcular as estruturas e propriedades das moléculas, grupos de moléculas e sólidos. Embora os resultados computacionais complementem normalmente a informação obtida por experiências químicas, podem ocasionalmente prever fenómenos químicos não observados.

Em suma, a química quântica explica a estrutura, a ligação e a reatividade da matéria através do estudo do papel e do comportamento dos electrões. Este campo gira em torno do estudo e da interpretação do comportamento dos electrões. Todos os problemas químicos são resolvidos de forma mecânica quântica com um exame rigoroso dos electrões e do seu comportamento no respetivo ambiente

A equação de Schrödinger

As formulações da mecânica quântica foram desenvolvidas independentemente por Erwin Schrödinger e Werner Heisenberg. O método de Schrödinger envolve equações diferenciais parciais, enquanto o método de Heisenberg emprega matrizes. Mais tarde, foi demonstrado que estes dois métodos matemáticos são equivalentes. A equação de Schrödinger parece ter uma melhor interpretação física através da equação de onda clássica. De facto, a equação de Schrödinger pode ser vista como uma forma da equação de onda aplicada a ondas de matéria. A equação de Schrodinger é $\hat{H}\psi = E\psi$ onde $\hat{H}$ é o operador Hamiltoniano, ψ uma função de onda, e E a energia.

Na linguagem da matemática, esta equação é uma equação de valores próprios *com* ψ e E são a função própria e o valor próprio. A função de onda ψ é uma função da coordenada das posições do eletrão e do núcleo. Como o nome indica, é a descrição de um eletrão como uma onda.

Derivação da equação de Schrodinger

O carácter ondulatório dos electrões é estabelecido pelos princípios de De-Broglie e Heisenberg e por experiências de difração de electrões. Se os electrões têm propriedades ondulatórias, então tem de haver uma equação de onda e uma função de onda para descrever as ondas electrónicas. As ondas electrónicas podem ser comparadas com as ondas de luz, som e corda. Por conveniência, consideremos o movimento de uma corda fixa em duas extremidades, $x = 0$ e $x = a$. É possível executar certos tipos de vibrações em todos os pontos da corda de modo a que o seu deslocamento varie com o tempo da mesma forma e tenha a sua velocidade máxima ao mesmo tempo. Se o deslocamento ocorrer na direção y matematicamente estes movimentos podem ser descritos por funções de

$$y(x,t) = f(x).\theta(t) \ldots\ldots\ (1)$$

em que $f(x)$ depende apenas da posição $\theta(t)$ depende apenas do tempo.

A forma geral de uma equação de onda é

$$\frac{d^2 y}{dx^2} = \frac{1}{c^2}\frac{d^2 y}{dt^2} \ \ldots\ldots (2)$$

em que $'c'$ é a velocidade da luz.

Substituindo o valor de $'y'$ na equação (2) obtemos

$$\frac{d^2(f(x).\theta(t))}{dx^2} = \frac{1}{c^2}\frac{d^2(f(x).\theta(t))}{dt^2}$$

$$\theta(t)\frac{d^2 f(x)}{dx^2} = \frac{f(x)}{c^2}\frac{d^2\theta(t)}{dt^2} \quad \ldots\ldots(3)$$

Dividindo a equação 3 por $f(x).\theta(t)$

$$\frac{1}{f(x)}\frac{d^2 f(x)}{dx^2} = \frac{1}{c^2\theta(t)}\frac{d^2\theta(t)}{dt^2}$$

$$\frac{c^2}{f(x)}\frac{d^2 f(x)}{dx^2} = \frac{1}{\theta(t)}\frac{d^2\theta(t)}{dt^2} \quad \ldots\ldots(4)$$

Esta equação 84 revela que o LHS depende apenas de $'x'$ e o RHS depende apenas do tempo. Assim sendo $LHS = RHS = -\omega^2$

$$\frac{c^2}{f(x)}\frac{d^2 f(x)}{dx^2} = \frac{1}{\theta(t)}\frac{d^2\theta(t)}{dt^2} = -\omega^2 \ldots\ldots(5)$$

em que $-\omega^2$ é uma constante.

Se as variáveis forem separadas, podem ser igualadas à constante $-\omega^2$ o que dá origem às duas equações diferenciais ordinárias 6 e 7.

$$\frac{c^2}{f(x)}\frac{d^2 f(x)}{dx^2} = -\omega^2$$

$$or \quad \frac{d^2 f(x)}{dx^2} + \frac{\omega^2}{c^2}f(x) = 0 \,.. \; (6)$$

$$and \quad \frac{1}{\theta(t)}\frac{d^2\theta(t)}{dt^2} = -\omega^2$$

$$\frac{d^2\theta(t)}{dt^2} + \omega^2\theta(t) = 0 \; \ldots\ldots(7)$$

A equação 7 é uma equação diferencial de segunda ordem em termos de $\theta(t)$ e tem solução,

$$\theta(t) = C\sin\omega t + D\cos\omega t$$

em que as constantes C e D são determinadas a partir das condições de fronteira e ω é a chamada frequência circular (velocidade angular), que está relacionada com a frequência normal $'v'$ como $\omega = 2\pi v$.

Uma vez que $\omega = 2\pi v$ a equação 86 pode ser escrita como

$$\frac{d^2 f(x)}{dx^2} + \frac{4\pi^2 v^2}{c^2}f(x) = 0 \,.. \; (8)$$

Nós sabemos, $\nu = \dfrac{c}{\lambda}$

$$\nu^2 = \left(\frac{c}{\lambda}\right)^2$$

Substituir o valor de ν^2 na equação 6, obtém-se

$$\frac{d^2 f(x)}{dx^2} + \left(\frac{2\pi}{\lambda}\right)^2 f(x) = 0 \,.. \,(9)$$

A equação 9 é também uma equação diferencial de segunda ordem em termos de $f(x)$ e tem solução,

$$f(x) = C \sin\frac{2\pi}{\lambda} x + D \cos\frac{2\pi}{\lambda} x \;...\,(10)$$

em que C e D são constantes.

Consideremos a equação 10 e imponhamos condições de fronteira (para encontrar o valor das constantes arbitrárias C e D).

$$(i)\; at\; x = 0,\; f(x) = 0$$

and

$$(ii)\; at\; x = a,\; f(x) = 0$$

Onde "a" é o comprimento da cadeia.

Da condição de fronteira, (ii); a equação 9 torna-se

$$D \cos 0 = 0\; (\, Cos\, 0 = 1)$$

$$\therefore D = 0$$

Por conseguinte, a equação 9 pode ser escrita como

$$f(x) = C \sin\frac{2\pi}{\lambda} x$$

$$or\; f(x) = \psi(x) = C \sin\frac{2\pi}{\lambda} x \;......\,(11)$$

Onde $\psi(x)$ é chamada a função de onda, a amplitude da onda varia sinusoidalmente ao longo de 'x' e C é a amplitude máxima.

A dupla diferenciação da equação 11 em relação a "x" dá

$$\frac{d\psi(x)}{dx} = C.\cos\frac{2\pi}{\lambda} x . \frac{2\pi}{\lambda}$$

$$\frac{d^2\psi(x)}{dx^2} = \frac{-4\pi^2}{\lambda^2}\,C.\sin\frac{2\pi}{\lambda}x = \frac{-4\pi^2}{\lambda^2}\psi(x) = 0$$

$$\frac{d^2\psi(x)}{dx^2} = \frac{-4\pi^2}{\lambda^2}\psi(x) \ldots (12)$$

Sabemos que a expressão da energia cinética em termos de momento é $\frac{P^2}{2m}$

$$ie\; KE = \frac{1}{2}mv^2 = \frac{m^2v^2}{2m} = \frac{P^2}{2m}\;(\text{since } P = mv)$$

De acordo com a relação de Broglie,

$$\lambda = \frac{h}{P}\; or\; P = \frac{h}{\lambda}$$

$$\therefore\; KE = \frac{h^2}{2m\lambda^2}$$

A partir da equação 12, o valor de λ^2 pode ser escrito como

$$\lambda^2 = \frac{-4\pi^2}{\dfrac{d^2\psi(x)}{dx^2}}\psi(x)$$

$$\therefore KE = \frac{h^2}{2m} \times \frac{\dfrac{d^2\psi(x)}{dx^2}}{-4\pi^2\psi(x)} = \frac{-h^2\dfrac{d^2\psi(x)}{dx^2}}{8\pi^2 m\,\psi(x)}$$

Portanto, a Energia Total; $E = KE + (Vx)$ onde 'Vx' é a Energia Potencial.

$$\therefore E - Vx = \frac{-h^2\dfrac{d^2\psi(x)}{dx^2}}{8\pi^2 m\,\psi(x)}$$

$$(E - Vx)\frac{8\pi^2 m}{h^2}\psi(x) = -\frac{d^2\psi(x)}{dx^2}$$

$$\frac{d^2\psi(x)}{dx^2} + \frac{8\pi^2 m}{h^2}(E - Vx)\psi(x) = 0 \ldots (13)$$

Esta é a equação de Schrodinger para uma partícula numa dimensão.

Em três dimensões

$$\left(\frac{d^2\psi(x)}{dx^2} + \frac{d^2\psi(y)}{dy^2} + \frac{d^2\psi(z)}{dz^2}\right) + \frac{8\pi^2 m}{h^2}\,(E - Vxyz)\psi(xyz)$$
$$= 0 \;\dots.(14)$$

QUESTÕES E PROBLEMAS

Questões objectivas/de escolha múltipla

1. A equação de Schrodinger é uma

(a) Equação diferencial linear

(b) Equação diferencial não linear

(c) Primeira equação da derivada

(d) Nenhuma das anteriores

Resposta: (a) Equação diferencial linear

2. A equação de Schrodinger é uma relação matemática que descreve

(a) energia do eletrão,

(b) momento do eletrão,

(c) posição do eletrão,

(d) Todas as anteriores

Resposta: (d) Todas as anteriores

3. Qual das seguintes opções representa matematicamente as ondas de matéria

(a) Equação de Schrodinger

(b) Equação de Bernoulli

(c) Equação das pranchas

(d) Equação de Boltzman

Resposta: (a) Equação de Schrodinger

3. A mecânica quântica trata do movimento de ....

(a) Partículas microscópicas

(b) Partículas macroscópicas

(c) Partículas microscópicas e macroscópicas

(d) Todas as anteriores

Resposta: (a) Partículas microscópicas

4. O carácter ondulatório dos electrões é estabelecido por

(a) Relação de-Broglie

(b) Princípio de Heisenberg

(c) experiências de difração de electrões.

(d) Todas as anteriores

Resposta: (d) Todas as anteriores

Perguntas de resposta curta.

(1) Escreva um Hamiltoniano para uma partícula em movimento livre e, consequentemente, a correspondente equação de Schrodinger.

(2) O que é a mecânica quântica?

Perguntas de resposta longa

(1) Derivar a equação de onda de Schrodinger.

(2) Discutir a importância da mecânica quântica no estudo da Química.

Problemas

(1) A equação de uma onda estacionária numa corda tem a forma $\Psi(x, t) = \Psi(x) Cos\,(\omega t)$. Calcule a energia potencial média no tempo, a energia cinética e a energia total para este movimento.

Resposta: Energia potencial $= \int F d\Psi$ e $F = ma$ $a = \frac{d^2}{dt^2}\left(\Psi(x, t)\right)$. A energia cinética é igual a $\frac{1}{2}mv^2$. A energia total será $\frac{1}{2}m\omega^2\Psi^2(x)$

CAPÍTULO 2
Postulados fundamentais da mecânica quântica

Como em qualquer outro ramo científico, todos os princípios da mecânica quântica se baseiam em alguns postulados básicos fundamentais. Todos os avanços actuais da mecânica quântica são aplicações de um ou mais destes postulados básicos. Assim, vamos começar por conhecer a natureza e o significado destes postulados e depois aplicá-los a problemas científicos reais. Estes postulados não foram deduzidos de nenhuma teoria anterior e devem ser declarados como postulados para serem aceites, porque as conclusões deles retiradas estão de acordo com a experiência, sem exceção. Desempenham para a mecânica quântica o mesmo papel que as leis de Newton desempenham para a mecânica clássica. Existem cinco postulados básicos na mecânica quântica.

Postulado 1 (Postulado da Função do Estado)

"O estado de um sistema é especificado da forma mais completa possível pela função de estado ou função de onda, que depende das coordenadas das partículas e do tempo".

De acordo com este postulado, para especificar completamente o estado de um sistema, precisamos apenas da função de onda. Todos os sistemas à nossa volta pertencem a um domínio descontínuo e podem ser descritos matematicamente. O termo função de onda representa o estado quântico como uma função matemática num espaço abstrato chamado espaço de configuração. Para uma única partícula, o espaço de configuração é equivalente a um espaço físico real e tridimensional. Uma onda física que se move num espaço tridimensional é uma função de três coordenadas espaciais e do tempo, uma vez que a função de estado varia com o tempo. Assim, o estado físico de um sistema no tempo t é descrito pela função de onda $\Psi_{(x,y,z,t)}$. No entanto, para um sistema de 'n' partículas, a função Ψ é uma função de '3n' coordenadas espaciais abstractas e do tempo.

Por exemplo, se considerarmos um átomo de "He" à temperatura ambiente, precisamos de três coordenadas para especificar a sua posição. Se houver dois átomos de "He", precisamos de 7 variáveis (coordenadas e tempo) para especificar o sistema. $\Psi_{(x1,y1,z1,x2,y2,z2,\,t)}$

Significado da função de onda, Ψ ou interpretação de Born da função de onda ($\square$)

Max Born deu uma interpretação estatística correta da função de onda, que é consistente com o Princípio da Incerteza de Heisenberg. Foi-lhe atribuído o Prémio Nobel da Física de 1954 "pela sua investigação fundamental em mecânica quântica, especialmente pela interpretação estatística das funções de onda". Segundo Born, a função de onda não tem qualquer significado físico próprio. É apenas uma função matemática das coordenadas do sistema. Há uma razão simples pela qual ψ não pode ser interpretada em termos de uma experiência. A probabilidade de algo estar num determinado lugar num determinado momento deve situar-se entre 0 e 1, ou seja, o objeto não está definitivamente lá e o objeto está definitivamente lá, respetivamente.

Para explicar a informação sobre a localização de uma partícula, Max Born interpretou a função de onda em termos da localização da partícula. Fez uma analogia com a teoria ondulatória da luz, ou seja, o quadrado da amplitude de uma onda electromagnética numa região dá a sua intensidade. Da mesma forma, Max Born interpretou o quadrado da função de onda como a probabilidade de encontrar um fotão (partícula) presente numa região. Ele chamou Ψ de **amplitude de probabilidade** e Ψ^2 ou $\Psi.\Psi^*$a **densidade de probabilidade** do sistema (que tem significado). Ψ^2 A amplitude de um sistema é a medida da densidade de probabilidade nesse ponto.

$$Probability\ density = \frac{Probability}{Volume}$$

Se a função de onda de uma partícula tem o valor de Ψ num determinado ponto x então a probabilidade de encontrar a partícula entre (x) e $(x + dx)$ é dada como o produto de $\left|\Psi_{(x)}\right|^2 dx$ (**Figura 1**).

$$\Psi^2(x,\ x + dx) = \left|\Psi_{(x)}\right|^2 dx \dots (15)$$

Em que dx é o elemento de volume, $\Psi^2(x)$ é a densidade de probabilidade em x e $\Psi^2(x,\ x + dx)$ é a probabilidade no elemento de volume dx situado entre (x) e $(x + dx)$.

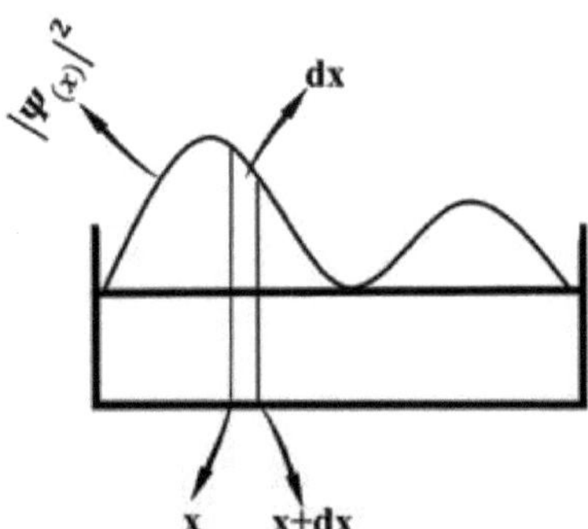

Figura 1: Probabilidade de encontrar uma partícula na região dx

Se a função de onda da partícula tiver o valor Ψ num ponto qualquer r, então a probabilidade de encontrar a partícula num elemento de volume infinitesimal, $d\tau = d_x d_y d_z$, nesse ponto, é o produto $de\ d\tau$ e o valor de $|\Psi|^2$ nesse local (**Figura 2**).

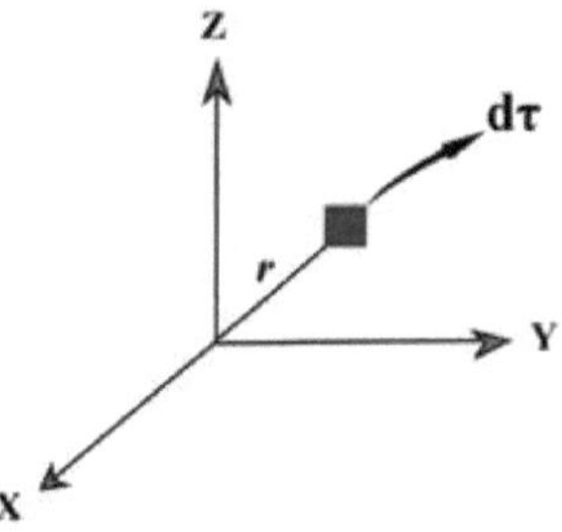

Figura 2: Probabilidade de encontrar uma partícula na *região dτ*

A densidade de probabilidade total (ou seja, a probabilidade tridimensional) de encontrar uma partícula é obtida por integração $|\Psi|^2 d\tau$ dentro dos limites e o valor é igual a um.

$$\Psi^2(0,\infty) = \int_0^\infty |\Psi|^2 d\tau = 1 \dots\dots (16)$$

Função de onda aceitável ou funções de onda bem comportadas

A interpretação dada a Ψ and Ψ^2 impõe algumas restrições aos valores aceitáveis de Ψ. Para que uma função de onda seja aceitável, ela deve ser bem comportada. Uma função de onda bem comportada deve satisfazer as seguintes condições.

1. A função de estado, Ψ, deve ser de valor único.

Num dado momento, terá apenas um valor. Se a função de onda for multivalorada, terá mais do que um valor em qualquer ponto. Para os mesmos valores de densidade de probabilidade, obtemos valores diferentes de probabilidade. Ou seja, as funções multivaloradas não são aceitáveis.

Por exemplo, a função $sin^{-1}x$. A função $sin^{-1}x = 0$, $when\ x = 0,\ \pi,\ 2\pi,\ \dots\dots$ Trata-se de uma função multivalorada e não é aceitável.

Mas e^{-x^2} tem um único valor, ou seja e^{-x^2} não deve ter mais do que um valor num dado momento.

2. A função de onda, Ψ, deve ser normalizável.

A probabilidade de encontrar uma partícula entre x and $x + dx$ é representada por $\Psi^2 dx$ e $\Psi\Psi^* dx$. Então a integração sobre todo o intervalo de localizações possíveis (probabilidade total) tem de ser unitária, ou seja, a partícula tem de estar algures nesse intervalo. A expressão da probabilidade depende do problema.

Suponha $\int_{-\infty}^{+\infty} \left|\Psi_{(x,t)}\right|^2 dx = 1$, então é certo que o sistema está entre $-\infty$ e $+\infty$.

Se $\int \left|\Psi_{(x,y,z,t)}\right|^2 d\tau = 1$ a função é dita normalizada e é uma função de onda aceitável. Certas funções podem ser normalizadas multiplicando-as por uma constante chamada constante de normalização.

Suponha que $\int_{-\infty}^{+\infty} \Psi\Psi^* d\tau = 10$,. Esta função não está normalizada. Pode ser normalizada multiplicando a função Ψ por $1/\sqrt{10}$ (ie $\Psi \times 1/\sqrt{10}$) e Ψ^* por $1/\sqrt{10}$.

$$\int_{-\infty}^{+\infty} \frac{\Psi}{\sqrt{10}}\frac{\Psi^*}{\sqrt{10}} d\tau = {}^{10}/_{10} = 1$$

Em certos casos, o integral pode ser infinito. Por exemplo, quando a função de onda, $\Psi = e^{x/2}$.

3. A função de onda, Ψ, deve ser contínua.

A função de onda deve ser contínua, uma vez que a probabilidade de encontrar um sistema não pode mudar abruptamente. Deve ser contínua em toda a região dos seus argumentos.

4. A função de onda, Ψ, deve ser finita, ou seja, a probabilidade não pode ser infinita.

A função de onda deve ser finita em todo o lado. Se a função de onda é finita, ela é quadradamente integrável. Se não for finita, não a podemos normalizar.

Chamar-lhes-emos condições padrão. Se uma função não satisfizer sequer uma destas condições, não pode ser uma função de onda da mecânica quântica aceitável.

Postulado 2

Postulado do operador

Qualquer quantidade fisicamente mensurável, como a posição (x), o momento (P), a KE (T), a PE (V), a energia total (E), etc., é designada por observável. A cada observável em mecânica clássica corresponde um operador hermitiano linear em mecânica quântica. Este postulado dá uma receita para obter os operadores correspondentes a um determinado observável. As regras seguintes podem ser utilizadas para encontrar o operador mecânico quântico correspondente a uma expressão da mecânica clássica.

1. Primeiro, escreva a expressão mecânica clássica para o observável em termos das coordenadas cartesianas e das componentes do momento linear correspondentes.

2. De seguida, substituir cada coordenada 'x' pelo operador $\hat{x}$ e cada componente do momento pelo operador $-i\hbar\frac{\partial}{\partial x}$ ($\hbar = \frac{h}{2\pi}$).

3. Substituir P_x, P_y, P_z, etc by $-i\hbar\frac{\partial}{\partial x}, -i\hbar\frac{\partial}{\partial y}, -i\hbar\frac{\partial}{\partial z} etc.$. Se x, y e z ocorrerem, deixá-los inalterados.

Numa dimensão		
Observável	Símbolo clássico	Operador de mecânica quântica
Posição	x	$\hat{x}$ = Multiply by x
	y	$\hat{y}$ = Multiply by y
	z	$\hat{z}$ = Multiply by z
Momento	$P_{(x)}$ $P_{(y)}$ $P_{(z)}$	$\hat{P}_x$ = Substituir por $-i\hbar\frac{\partial}{\partial x}$ $\hat{P}_y$ = Substituir por $-i\hbar\frac{\partial}{\partial y}$

		$\hat{P}_z$ = Substituir por $-i\hbar\dfrac{\hat{\partial}}{\partial z}$
Energia cinética	$T_x = \dfrac{P^2{}_{(x)}}{2m}$ $T_y = \dfrac{P^2{}_{(y)}}{2m}$ $T_z = \dfrac{P^2{}_{(z)}}{2m}$	$\hat{T}_x = -\dfrac{\hbar^2}{2m}\dfrac{\hat{\partial}^2}{\partial x^2}$ $\hat{T}_y = -\dfrac{\hbar^2}{2m}\dfrac{\hat{\partial}^2}{\partial y^2}$ $\hat{T}_z = -\dfrac{\hbar^2}{2m}\dfrac{\hat{\partial}^2}{\partial z^2}$
Energia potencial	V_x V_y V_z	$\hat{V}_{(x)}$ = Multiply by V_x $\hat{V}_{(y)}$ = Multiply by V_y $\hat{V}_{(z)}$ = Multiply by V_z
Energia total	$E_{(x)}= V_x+T_x$ $E_{(y)}= V_y+T_y$ $E_{(z)}= V_z+T_z$	$\hat{H}_{(x)}= \hat{V}_{(x)}+\hat{T}_x= = -\dfrac{\hbar^2}{2m}\dfrac{\hat{\partial}^2}{\partial x^2} + \hat{V}_{(x)}$ $\hat{H}_{(y)}= \hat{V}_{(y)}+\hat{T}_y= -\dfrac{\hbar^2}{2m}\dfrac{\hat{\partial}^2}{\partial y^2} + \hat{V}_{(y)}$ $\hat{H}_{(z)}= \hat{V}_{(z)}+\hat{T}_z= -\dfrac{\hbar^2}{2m}\dfrac{\hat{\partial}^2}{\partial z^2} + \hat{V}_{(z)}$

Em três dimensões

Observável	Símbolo clássico	Operador de mecânica quântica
Vetor de posição	$\vec{r}$	$\vec{r}$ = Multiply by $\vec{r}$
Vetor de momento	$\vec{P}$	$\vec{P}= -i\hbar(\vec{i}\dfrac{\hat{\partial}}{\partial x} + \vec{j}\dfrac{\hat{\partial}}{\partial y} + \vec{k}\dfrac{\hat{\partial}}{\partial z})$
Energia cinética	T	$\hat{T} = -\dfrac{\hbar^2}{2m}\nabla$
Energia potencial	$V_{x,y,z}$	$\hat{V}_{x,y,z}$
Energia total	$E = T + V$	$\hat{E} = -\dfrac{\hbar^2}{2m}\nabla + \hat{V}_{x,y,z}$
Momento angular	L_X L_y L_z	$\hat{L}_x = \left(\hat{y}\hat{P}_z - \hat{z}\hat{P}_y\right)$ $\quad = -i\hbar\left(\hat{y}\dfrac{\hat{\partial}}{\partial z} - \hat{z}\dfrac{\hat{\partial}}{\partial y}\right)$ $\hat{L}_y = \left(\hat{z}\hat{P}_x - \hat{x}\hat{P}_z\right)$ $\quad = -i\hbar\left(\hat{z}\dfrac{\hat{\partial}}{\partial x} - \hat{x}\dfrac{\hat{\partial}}{\partial z}\right)$ $\hat{L}_z = \left(\hat{x}\hat{P}_y - \hat{y}\hat{P}_x\right)$ $\quad = -i\hbar\left(\hat{x}\dfrac{\hat{\partial}}{\partial y} - \hat{y}\dfrac{\hat{\partial}}{\partial x}\right)$

Derivação de operadores

1. Operador de energia cinética de uma partícula que se move na direção "x

A expressão mecânica clássica para KE, $T_{(x)}$ é

$$T_{(x)} = \frac{1}{2}\,mx^2 = \frac{m^2x^2}{2m} = \frac{P^2{}_{(x)}}{2m} \dots (17)$$

Substituir $P_{(x)}$ pelo operador correspondente

$$ieT_{(x)} = \frac{(-i\hbar\,\widehat{\frac{d}{dx}}\,)^2}{2m} = -\frac{\hbar^2}{2m}\,\frac{\hat{d}^2}{dx^2} \dots (18)$$

2. Operador de momento

As energias cinética, potencial e total são derivadas das coordenadas de momento e posição. O operador do momento pode ser derivado utilizando uma propriedade mais fundamental da própria onda eletrónica. Para uma onda de electrões, a função de onda, Ψ, é

$$\Psi = A.\,e^{\pm\frac{2\pi ix}{\lambda}}$$

Diferenciando em relação a "x

$$\frac{d\Psi}{dx} = \pm\frac{2\pi i}{\lambda}A.\,e^{\pm\frac{2\pi ix}{\lambda}} = \pm\frac{2\pi i}{\lambda}\Psi$$

$$ie\ \lambda = \pm\frac{2\pi i\Psi}{\frac{d\Psi}{dx}} \dots\dots (19)$$

Segundo De Broglie,

$$\lambda = \frac{h}{P_{(x)}} \dots\dots (20)$$

Das equações (1) e (2);

$$\frac{h}{P_{(x)}} = \pm\frac{2\pi i\Psi}{\frac{d\Psi}{dx}}$$

$$ie\ Px = \pm \frac{h}{2\pi i}\frac{d}{dx}$$

ieP_x na direção positiva é,

$$P_x = +\frac{h}{2\pi i}\frac{d}{dx} = -i\hbar\frac{\widehat{d}}{dx}$$

P_x na direção negativa é,

$$P_x = -\frac{h}{2\pi i}\frac{d}{dx} = +i\hbar\frac{\widehat{d}}{dx}$$

Conceito de operador

Um operador é uma instrução matemática que, quando aplicada a uma função matemática, dá origem a outra função matemática da mesma natureza. Um operador não tem significado quando é escrito sozinho. Tem significado quando é seguido por uma função. Por exemplo, $\sqrt{\ }$ não tem significado, mas $\sqrt{4}$. Um operador pode ser escrito sob a forma de uma equação.

$$(Operator)(Function) = (Another\ function)\ldots\ldots(21)$$

A função sobre a qual a operação é efectuada é designada por operando. Geralmente, os operadores são indicados por um símbolo com um cursor ($\wedge$) sobre ele. Se um operador, $\widehat{A}$, transforma a função Ψ numa outra função φ podemos escrever simbolicamente como $\widehat{A}\,\Psi = \varphi$.

Por exemplo, se $\widehat{2}$ é um operador e $(x^2 + 2x + 1)$ é uma função, então $\widehat{2}(x^2 + 2x + 1)$ significa multiplicado por três.

Portanto, podemos escrever, $\widehat{2}(x^2 + 2x + 1) = 2x^2 + 4x + 4$.

Álgebra de operadores

Embora os operadores não tenham qualquer significado físico quando escritos isoladamente, podem ser adicionados, subtraídos, multiplicados e têm algumas outras propriedades, como se indica a seguir.

(a) A soma e a diferença de dois operadores $\hat{A}$ e $\hat{B}$, dados por $\hat{C} = \hat{A} \mp \hat{B}$é definida através da relação

$$\hat{C}\Psi = (\hat{A} \mp \hat{B})\Psi = \hat{A}\Psi \mp \hat{B}\Psi \ldots\ldots (22)$$

De acordo com esta definição, operamos a função, Ψ com $\hat{A}$ e $\hat{B}$ uma a uma e depois somamos/subtraímos os resultados. A nova função, assim obtida, é a função que resultaria, se actuássemos sobre Ψ diretamente com $\hat{C}$.

(b) O produto de um operador $\hat{A}$ com um número complexo c, ou seja, o operador c$\hat{A}$ é definido pela relação

$$(c\hat{A})\Psi = c\,(\hat{A}\Psi) \ldots\ldots (23).$$

(c) O produto de dois operadores $\hat{A}$ e $\hat{B}$ é um operador $\hat{C} = \hat{A}\hat{B}$que, actuando sobre a função Ψ transforma-se em

$$\hat{C}\Psi = (\hat{A}\hat{B})\Psi = \hat{A}(\hat{B}\Psi) \ldots\ldots (24)$$

em que o primeiro $\hat{B}$ actua sobre Ψ e depois $\hat{A}$ opera sobre a função resultante.

Por exemplo, se $\hat{A} = x$ e $\hat{B} = \frac{\partial}{\partial x}$ então

$$\left(x\frac{\partial}{\partial x}\right)\Psi = x\left(\frac{\partial\Psi}{\partial x}\right) = x\frac{\partial\Psi}{\partial x}$$

(c) Os operadores obedecem à lei associativa da multiplicação, nomeadamente

$$\hat{A}(\hat{B}\hat{C}) = (\hat{A}\hat{B})\hat{C} \ldots\ldots (25)$$

(d) Os operadores podem ser combinados. Assim, o quadrado $\hat{A}^2$ de um operador $\hat{A}$ é apenas o produto $\hat{A}\hat{A}$.

$$\hat{A}^2\Psi = \hat{A}\hat{A}\Psi = \hat{A}(\hat{A}\Psi) \ldots\ldots (26)$$

(e) Aplicação sucessiva de um operador, $\hat{A}$, n vezes numa função, Ψé escrita como

poder desse operador:

$$\hat{A}\hat{A}\hat{A}\ldots\hat{A}(\hat{A}\Psi) = \hat{A}^n\Psi \ldots\ldots (27)$$

(e) Em geral, o produto de dois operadores quaisquer, $\hat{A}$ e $\hat{B}$ não é comutativo. Isto é,

$$\hat{A}\,\hat{B} \neq \hat{B}\hat{A} \ldots\ldots (28)$$

A diferença, $\hat{A}\,\hat{B} - \hat{B}\hat{A}$ é um operador $\hat{C}$ que é chamado o comutador de $\hat{A}$ e $\hat{B}$ e escreve-se como, $\hat{C} = [\hat{A}\,\hat{B}] = \hat{A}\,\hat{B} - \hat{B}\hat{A}$

Se $[\hat{A}\,\hat{B}] = 0$, os operadores $\hat{A}$ e $\hat{B}$ são ditos comutantes entre si.

(f) O operador $\hat{A}$ é o recíproco de $\hat{B}$ se $\hat{A}\,\hat{B} - \hat{B}\hat{A} = 1$ onde 1 pode ser considerado como o operador unitário, ou seja, "multiplicar pela unidade". Podemos escrever $\hat{A} = \hat{B}^{-1}$ e $\hat{B} = \hat{A}^{-1}$.

Um observável, A, é representado por um operador linear e hermitiano que se escreve como $\hat{A}$.

Operadores lineares:

Os operadores que ocorrem na mecânica quântica são lineares. Um operador $\hat{A}$ é linear se satisfizer os dois critérios seguintes

$$\hat{A}(\Psi_1 + \Psi_2 = \hat{A}\Psi_1 + \hat{A}\Psi_2) \ldots\ldots (29)$$

$$\hat{A}(c\Psi_1) = c\hat{A}\Psi_1 \ldots\ldots (30)$$

em que Ψ_1 and Ψ_2 são duas funções arbitrárias e c é uma constante complexa qualquer.

Exemplos de operadores lineares são $\hat{x}^2, \dfrac{\hat{d}}{dx}, \dfrac{\hat{d}^2}{dx^2}, etc.$

Operadores Hermitianos

Um operador linear $\hat{A}$ é hermitiano em relação ao conjunto de funções Ψ_i e Ψ_j das variáveis $q_1, q_2, , \ldots$ se satisfizer a seguinte propriedade

$$\int \Psi_j(\hat{A}\Psi_i)d\tau = \int \Psi_i(\hat{A}\Psi_j)d\tau \quad \text{quando } \Psi_j \text{ e } \Psi_i \text{ são reais} \ldots\ldots (31)$$

$$\int \Psi_j{}^*\hat{A}\Psi_i d\tau = \int \Psi_i(\hat{A}\Psi_j)^* d\tau \quad \text{quando } \Psi_j \text{ e } \Psi_i \text{ são complexos} \ldots\ldots (32)$$

A integração é efectuada ao longo de todo o intervalo de todas as variáveis. O diferencial $d\tau$ tem a forma

$$d\tau = w(q_1, q_2, \dots)d_{q1}d_{q2}\dots$$

em que $w(q_1, q_2, \dots)$ é uma função de ponderação que depende da escolha das coordenadas $q_1, q_2, \dots$ e $\Psi_j^{\,*}$ *and* $\Psi_i^{\,*}$ são os conjugados complexos.

Para as coordenadas cartesianas, a função *de ponderação* $w(x, y, z)$ é igual à unidade; para coordenadas esféricas $w(r, \theta, \varphi)$ é igual a $r^2 sin\theta$.

Propriedades do operador hermitiano

Há duas caraterísticas importantes do operador hermitiano.

1. **Os valores próprios de um operador hermitiano são reais.**
2. **As funções próprias de um operador hermitiano, correspondentes a valores próprios distintos, são ortogonais.**

Para provar a afirmação de que **os valores próprios de um operador hermitiano são reais**, seja $\hat{A}$ seja um operador hermitiano, Ψ a sua função própria e λ o valor próprio, então consideramos a equação do valor próprio

$\hat{A}\Psi = \lambda\Psi$ e também $\left(\hat{A}\Psi\right)^{*} = \lambda^{*}\Psi^{*}$

Para provar este teorema, começamos por multiplicar a primeira equação por Ψ^{*} e a segunda por Ψ a partir da esquerda e depois integrando todo o espaço.

$$\int \Psi^{*}\hat{A}\Psi d\tau = \int \Psi^{*}\lambda\Psi d\tau = \lambda \int \Psi^{*}\Psi d\tau$$

$$\int \Psi\left(\hat{A}\Psi\right)^{*} d\tau = \int \Psi\lambda^{*}\Psi^{*}d\tau = \lambda^{*} \int \Psi\Psi^{*} d\tau$$

Como $\hat{A}$ é hermitiano, os lados esquerdos das equações são iguais.

$$\int \Psi^{*}\hat{A}\Psi d\tau = \int \Psi\left(\hat{A}\Psi\right)^{*} d\tau$$

Por conseguinte, $\lambda \int \Psi^{*}\Psi d\tau = \lambda^{*} \int \Psi\Psi^{*} d\tau$.

$$or\ (\lambda - \lambda^*)\int \Psi\Psi^* \, d\tau = 0 \dots\dots (33)$$

Como o integral da equação (33) não é igual a zero, concluímos que $(\lambda - \lambda^*) = 0$ ou $\lambda = \lambda^*$ o que só é verdade se λ for real.

Para mostrar que **as funções próprias de um operador hermitiano, correspondentes a valores próprios distintos, são ortogonais**, consideremos duas funções próprias distintas de um operador hermitiano $\hat{A}$, Ψ_1 e Ψ_2 com valores próprios diferentes λ_1 e λ_2. A condição geral para a ortogonalidade das duas funções, Ψ_1 e Ψ_2, são

$$\int \Psi_1 \Psi_2 \, d\tau = 0$$

$$\int \Psi_1 \Psi_2{}^* \, d\tau = 0$$

$$\int \Psi_1{}^* \Psi_2 \, d\tau = 0$$

As equações dos valores próprios são

$$\hat{A}\Psi_1 = \lambda_1\Psi_1 \dots\dots (34)$$

$$\hat{A}\Psi_2 = \lambda_2\Psi_2 \dots\dots (35)$$

Multiplicando a equação (1) por $\Psi_2{}^*$ a partir da esquerda e integrando,

$$\int \Psi_2{}^*\hat{A}\Psi_1 \, d\tau = \int \Psi_2{}^*\lambda_1\Psi_1 \, d\tau = \lambda_1 \int \Psi_2{}^*\Psi_1 \, d\tau \dots\dots (36)$$

Uma vez que a é hermitiano, $\int \Psi_2{}^*\hat{A}\Psi_1 \, d\tau = \int \Psi_1\left(\hat{A}\Psi_2\right)^* \, d\tau$

$$= \int \Psi_1(\lambda_2\Psi_2)^* \, d\tau$$

$$= \lambda_2{}^* \int \Psi_1\Psi_2{}^* \, d\tau$$

$$= \lambda_2 \int \Psi_1\Psi_2{}^* \, d\tau$$

Assim, a partir da equação (116),

$$\lambda_1 \int \Psi_2{}^*\Psi_1 \, d\tau = \lambda_2 \int \Psi_1\Psi_2{}^* \, d\tau$$

$$ie\ (\lambda_1 - \lambda_2) \int \Psi_1 \Psi_2{}^* d\tau = 0$$

Uma vez que Ψ_1 e Ψ_2 são ortogonais, a única possibilidade é que $\int \Psi_1 \Psi_2{}^* d\tau = 0$.

Por conseguinte $(\lambda_1 - \lambda_2) \neq 0$

ou seja $\lambda_1 \neq \lambda_2$

$$\therefore \int \Psi_1 \Psi_2{}^* d\tau = 0$$

Por conseguinte Ψ_1 e Ψ_2 são ortogonais. Se $\lambda_1 = \lambda_2$, Ψ_1 e Ψ_2 não são ortogonais.

Nota: **Ortonormalidade - Delta de Kronecker**

Consideremos duas funções de onda, Ψ_i e Ψ_j. Estas duas funções de onda devem ser normais, se a seguinte condição for satisfeita.

$\int_{-\infty}^{+\infty} \Psi_i \Psi_j d\tau = 1$ onde $i = j$ ... ... (37)

Se as funções de onda forem ortogonais entre si, podemos escrever,

$\int_{-\infty}^{+\infty} \Psi_i \Psi_j d\tau = 0$ onde $i \neq j$ ... ... (38)

As condições ortogonais e normais são combinadas para obter uma única condição ortonormal, $\int_{-\infty}^{+\infty} \Psi_i \Psi_j d\tau = \delta_{ij}$, o símbolo δ_{ij} é designado por **Delta de Kronecker.** A propriedade da função de onda ilustrada por esta equação é chamada **ortonormalidade**. A condição de ortonormalidade é decidida pelos valores dos índices i and j.

$\delta_{ij} = 0$ quando $i \neq j$ e $\delta_{ij} = 1$ quando $i = j$

Postulado 3

Postulado do valor próprio

"Toda a medição de uma variável dinâmica (observável) que dá um valor próprio do operador associado"

Em geral, a função φ obtida pela aplicação de um operador $\widehat{A}$ sobre uma função arbitrária ψ pode ser escrita como $\widehat{A}\psi = \varphi$ e é linearmente independente de ψ. Se um sistema está no estado n^{th} estado, representado por uma função de onda, Ψ_n, e uma aplicação (medida) do operador , $\widehat{A}$, correspondente a um observável A, **em** Ψ_n pode ser representada como

$$\widehat{A}\,\Psi_n = a_n\Psi_n, \ldots\ldots (39)$$

em que a_n é um número complexo. Neste caso Ψ_n diz-se que é uma função própria de $\widehat{A}$ e a_n é o valor próprio correspondente. Esta equação é designada por **equação dos valores próprios**. Pode então provar-se que qualquer medida precisa do observável nesse estado é sempre dada pelo valor próprio $'a_n'$.

No entanto, para um dado operador $\widehat{A}$ podem existir muitas funções próprias, de modo que $\widehat{A}\,\Psi_i = a_i\Psi_i$ em que Ψ_i são as funções próprias, que podem mesmo ser infinitas, e a_i são os valores próprios correspondentes. Cada função própria de $\widehat{A}$ é única, ou seja, é linearmente independente das outras funções próprias.

Por vezes, duas ou mais funções próprias têm o mesmo valor próprio. Nessa situação, diz-se que o valor próprio é **degenerado**. Quando duas, três, . . ., n funções próprias têm o mesmo valor próprio, o valor próprio é **duplamente, triplamente, . . . n vezes degenerado**. Quando um valor próprio corresponde apenas a uma única função própria, o valor próprio é **não degenerado**.

Este postulado do **valor próprio** liga a teoria aos resultados experimentais da mecânica quântica.

Postulado 4

Postulado da Expectativa de Valor

Se um sistema está no estado n^{th} estado, representado por uma função de onda, Ψ_n e Ψ_n não é uma função própria do operador, $\widehat{A}$, correspondente a um observável' A', então uma sequência de medições do observável nesse estado não produzirá os mesmos resultados. Obtém-se uma distribuição de resultados. A seguir, toma-se o valor médio dessas medições

$$<A> = \frac{\int \psi^* \widehat{A} \psi \, d\Gamma}{\int \psi^* \psi \, d\Gamma} \dots \dots (40)$$

Onde $<A>$ é designado por **valor médio, valor médio ou valor esperado** de A.

ou seja, nestes casos, consideramos que o valor médio é igual ao valor próprio.

Suponhamos que fazemos uma experiência para medir o observável, A, várias vezes e suponhamos que obtemos o valor próprio a_1, n_1 vezes e a_2, n_2 vezes, etc. Então o valor médio destes resultados

$$<A> = \frac{a_1 n_1 + a_2 n_2 + \dots \dots}{n_1 + n_1 \dots \dots} \dots \dots (41)$$

Este postulado é consistente com o postulado do valor próprio no sentido em que se Ψ_n é uma função autónoma de $\widehat{A}$ os resultados experimentais serão os mesmos que o valor próprio.

Postulado 5

A evolução temporal da função de onda ou função de estado de um sistema mecânico quântico, $\Psi(\vec{r}, t)$ é regida pela seguinte equação:

$$\widehat{H}\, \Psi(\vec{r}, t) = i\hbar \frac{\partial \Psi(\vec{r},t)}{\partial t} = -\frac{\hbar^2}{2m} \vec{\nabla}^2 \Psi(\vec{r}, t) + V(\vec{r})\Psi(\vec{r}, t) \dots \dots (42).$$

Aqui, $\vec{\nabla}^2 = \frac{\partial^2}{\partial x^2} + \frac{\partial^2}{\partial y^2} + \frac{\partial^2}{\partial z^2}$, é o Laplaciano ou operador de Laplace e V é o potencial

função de energia. Esta é **a conhecida equação de Schrodinger dependente do tempo**. Assim, a função de onda ou função de estado de um sistema evolui no tempo de acordo com a equação de Schrodinger dependente do tempo.

Na maioria dos sistemas, a Hamiltoniana do operador de energia total, $\hat{H}$ não contém a variável tempo. No entanto, se houver uma variável temporal, usamos o método de separação de variáveis.

$$ie\ \Psi(\vec{r}, t) = \ \Psi_{(\vec{r})}\ \Psi_{(t)}$$

Substituir este valor na equação (42) e dividir ambos os lados por, $\Psi_{(\vec{r})}\ f_{(t)}$, obtém-se

$$\frac{1}{\Psi_{(\vec{r})}}\hat{H}\ \Psi_{(\vec{r})} = \frac{i\hbar}{\Psi_{(t)}}\ \frac{d\Psi_{(t)}}{dt}\ ...(43)$$

Se $\hat{H}$ não contém explicitamente o tempo, então o lado esquerdo da equação (43) é apenas uma função de '$\vec{r}$' e o lado direito é apenas uma função de 't', pelo que ambos os lados têm de ser iguais a uma constante. Se denotarmos a constante de separação por E, então a equação (43) dá,

$$\hat{H}\ \Psi_{(\vec{r})} = E\ \Psi_{(\vec{r})} ..... (44)$$

$$\frac{d\Psi_{(t)}}{dt} = -\frac{i}{\hbar}\ E\Psi_{(t)} .... (45)$$

A equação (44) é **designada por equação de Schrodinger independente do tempo**.

A equação (45) pode ser integrada imediatamente para obter

$$\Psi_{(t)} = \ e^{-iEt/\hbar}$$

Por conseguinte $\Psi(\vec{r}, t)$ pode ser escrito como

$$\Psi(\vec{r}, t) = \Psi_{(\vec{r})}e^{-iEt/\hbar} .... (46)$$

Numa dimensão espacial, a equação (42) reduz-se a:

$$\hat{H}\ \Psi(x, t) = i\hbar\frac{\partial\Psi(x, t)}{\partial t} = -\frac{\hbar^2}{2m}\frac{\partial^2}{\partial x^2}\Psi(x, t), +V(x)\Psi(x, t)$$

QUESTÕES E PROBLEMAS

Questões objectivas/de escolha múltipla

1. O quadrado da magnitude da função de onda chama-se.......

(a) densidade de corrente

(b) Densidade de probabilidade

(c) Densidade volúmica

(d) amplitude

Resposta: (b) densidade de probabilidade

2. A probabilidade total de encontrar uma partícula material num dado espaço deve ser........ para que a função de onda seja normalizada.

(a) zero

(b) infinito

(c) unidade

(d) Nenhuma das anteriores

Resposta: (c) unidade

3. Quais das seguintes são as propriedades de uma função de onda bem comportada?

(a) Normalizado e de valor único

(b) finita e contínua

(c) Ambas as alíneas a) e b)

(d) Nenhuma das anteriores

Resposta: (c) ambas as alíneas (a) e (b)

4. A função de onda associada a uma partícula material será ...

(a) finito

(b) valor único

(c) contínuo

(d) Todas as anteriores

Resposta: (c) todas as anteriores

5. A equação de onda de Schrodinger pode ser utilizada para calcular qual dos seguintes parâmetros.

(a) função de onda

(b) energia

(c) probabilidade

(d) Todas as anteriores

Resposta: (c) todas as anteriores

6. Com base nos postulados da mecânica quântica, como é que os observáveis estão relacionados com os operadores?

(a) Cada observável está associado a um operador hermitiano.

(b) Os observáveis são inversamente proporcionais a operadores hermitianos lineares.

(c) Os observáveis são diretamente proporcionais a operadores hermitianos não lineares.

(d) Nenhuma das anteriores

Resposta: (a) Cada observável está associado a um operador hermitiano

7. A equação de onda de Schrodinger pode ser utilizada para calcular qual dos seguintes parâmetros.

(a) função de onda

(b) energia

(c) probabilidade

(d) Todas as anteriores

Resposta: (c) todas as anteriores

8. Qual das seguintes opções não é um postulado da mecânica quântica?

(a) O estado de um sistema quântico é totalmente definido por uma função de onda.

(b) Os observáveis são representados por operadores lineares hermitianos.

(c) É possível efetuar medições simultâneas da posição e do momento.

(d) Os valores de energia permitidos são aqueles para os quais a função de onda satisfaz a equação de Schrödinger.

Resposta: (c) É possível efetuar medições simultâneas da posição e do momento.

9. A função de onda para o átomo de hidrogénio é dada pela A equação de onda de Schrodinger pode ser utilizada para calcular qual dos seguintes parâmetros.

(a) função de onda

(b) energia

(c) probabilidade

(d) Todas as anteriores

Resposta: (c) todas as anteriores

10. O estado físico de um sistema mecânico quântico completamente especificado por .....

(a) a sua posição no espaço

(b) A sua hora

(c) a sua função de onda

(d) o seu momento angular

Resposta: (c) a sua função de onda

11. A densidade de probabilidade de uma função de onda $\psi(x, t)$ no tempo t num elemento de volume dv é ......

(a) $\psi^*(x, t)\psi(x, t)dv$

(b) $\psi^*(x, t)dv$

(c) $\psi(x, t)dv$

(d) densidade de probabilidade zero

Resposta: (a) $\psi^*(x, t)\psi(x, t)dv$

12. O momento conjugado no observável da mecânica clássica é substituído por que operador da mecânica quântica?

(a) $-i\hbar\dfrac{\partial}{\partial q}$

(b) $-i\hbar\nabla^2$

(c) $-i\hbar$

(d) $\dfrac{h}{2\pi}$

Resposta: (a) $-i\hbar\dfrac{\partial}{\partial q}$

13. Uma função de onda pode evoluir no tempo?

(a) Não, só pode evoluir em posição

(b) Sim, pode evoluir no tempo, mas não na posição

(c) Não, não pode evoluir nem no tempo nem na posição

(d) Sim, pode evoluir tanto no tempo como na posição

Resposta: (d) Sim, pode evoluir tanto no tempo como na posição

14. Na mecânica quântica, o operador de energia total é ....

(a) Operador hermitiano

(b) Operador hamiltoniano

(c) Operador de momento angular orbital

(d) Operador de momento angular de rotação

Resposta: (b) Operador Hamiltoniano

15. Se Ψ^* e Ψ são duas funções ortogonais, então o valor de $\int_0^\infty \Psi^*\Psi d\tau = \cdots$

(a) indefinido

(b) zero

(c) Um

(d) Nenhuma das anteriores

Resposta: (b) zero

16. Se Ψ^* e Ψ são as duas funções de onda normalizadas, então o valor do integral $\int_0^\infty \Psi^*\Psi d\tau$ é igual a ......

(a) indefinido

(b) zero

(c) Um

(d) Nenhuma das anteriores

Resposta: (c) um

17. O valor próprio do operador $\frac{\partial}{\partial x}$ na função e^x é ....

(a) +1

(b) -1

(c) 0

(d) Nenhuma das anteriores

Resposta: (a) +1

Perguntas de resposta curta.

(1) Como Max Born interpreta a função de onda.

(2) Qual é o significado físico de uma função de onda?

(3) O que é a normalização da função de onda? Como é que é expressa matematicamente?

(4) Definir um operador. Obter expressões para (i) o operador de momento linear, (ii) o operador de energia total, (iii) o operador de energia cinética e (iv) o operador hamiltoniano.

(5) Mostre que as funções próprias de um operador hermitiano, correspondentes a valores próprios distintos, são ortogonais entre si.

(6) Demonstrar que os valores próprios de um operador hermitiano são reais.

(7) O que é um operador? Derive a expressão do operador Hamiltoniano.

(8) Quais são as condições para que uma função de onda seja aceitável?

(9) Escreva uma breve nota sobre as condições de ortogonalidade e normalização de uma função de onda.

(10) Explicar as funções próprias e os valores próprios.

(11) Indicar o significado físico da função de onda. O que é uma função de onda bem comportada?

(12) Definir operador. Obter uma expressão para o operador de energia total, operador de energia cinética.

(13) O que se entende por valor esperado de uma variável dinâmica? Obtenha o valor esperado para o momento linear e a posição em termos do operador correspondente.

(14) Explicar as funções próprias e os valores próprios.

Perguntas de resposta longa

(1) Discutir os postulados básicos da mecânica quântica.

Problemas

(1) Calcule o valor médio de "r" no caso da orbital 1s do átomo de H. A função de onda hidrogeniónica é dada pela seguinte expressão

$$\Psi_{1s}(r) = \frac{1}{\sqrt{\pi}}\left(\frac{z}{a_0}\right)^{\frac{3}{2}} e^{\frac{-zr}{na_0}} \quad \text{e } d\tau = r^2 dr \, Sin\theta d\theta d\varphi = 4\pi r^2 dr; 0 < r > \infty$$

Responde: Encontrar o valor esperado e o valor é $\frac{3a_0}{2z}$

(2) A função de onda normalizada do estado fundamental de um átomo de hidrogénio é dada por

$$\Psi(r) = \frac{1}{\sqrt{4\pi}}\frac{2}{a^{3/2}}e^{\frac{-r}{a}}$$

em que a é o raio de Bohr e r é a distância do eletrão ao núcleo, localizado na origem. Encontre o valor esperado de $\frac{1}{r^2}$.

Resposta: $\frac{2}{a^2}$

(3) Quais das seguintes funções são funções próprias do operador $\frac{d}{dx}$?

(a)$Sin\ x$ (b) $2\ Cos\ x$ (c) e^{ix} (d) e^{8x}

(e) e^{5x} (f) $e^{-\alpha x^2}$ (g) $e^{Sin\ x}$ (h) $e^{-(x^2+x+1)}$

Resposta: (a) Aqui o operador $\frac{d}{dx}$ que actua sobre $Sin\ x$ obtemos uma função diferente $Cos\ x$. Portanto, $Sin\ x$ não é uma função própria do operador $\frac{d}{dx}$.

(4) Normalizar a função de onda e^{-ix} sobre o integral 0 a 2π.

Responder: Normalizar significa encontrar o valor da constante de normalização. Seja o valor da constante de normalização N. Aqui a função de onda é $\Psi = Ne^{-ix}$. O seu conjugado complexo é $\Psi^* = Ne^{+ix}$.

Aplicando a condição de normalização, $\int_0^{2\pi} Ne^{-ix} Ne^{+ix}dx = 1$, é possível encontrar o valor de N. Aqui $N = \frac{1}{\sqrt{2\pi}}$.

(5) Normalizar a função de onda $Sin\ 4x$ sobre o integral de 0 a π.

Resposta: $N = \sqrt{\dfrac{2}{\pi}}$

(6) Verificar que $Sin\ 5x$ e $Cos\ 3x$ são ou não ortogonais entre si.

Resposta: Neste caso, utilizamos a fórmula $2\ Sin\ A\ Cos\ B = Sin(A + B) + Sin\ (A - B)$

$$\therefore 2\ Sin\ A\ Cos\ B = \frac{1}{2}[Sin(A + B) + Sin\ (A - B)]$$

Seja $\Psi = Sin\ 5x$ e $\Psi^* = Cos\ 3x$, então encontre o valor de

$$\int_0^\pi (Sin\ 5x\ Cos\ 3x\ )dx = \int_0^\pi \frac{1}{2}(Sin\ 8x + Sin\ 2x\ )dx = 0$$

CAPÍTULO 3

Partícula numa caixa

Partícula numa caixa unidimensional

Consideremos uma partícula como um eletrão com massa m confinada numa caixa de dimensões a, b e c respetivamente ao longo de x, y e z coordenadas. Assume-se que a partícula só se pode mover ao longo de x direção. Uma partícula que sofre um movimento de translação livre numa dimensão, numa região limitada por dois pontos, é conhecida como um problema de partícula numa caixa unidimensional. Esta idealização dá uma ideia da abordagem da mecânica quântica e ilustra bem a aplicação da equação de Schrodinger, o conceito de quantização, os números quânticos, os níveis de energia e a energia de ponto zero.

O movimento de $\pi - electrons$ em moléculas insaturadas lineares conjugadas como o "hexatrieno" (**Figura 3**) pode ser comparado com uma partícula numa caixa unidimensional. Aqui os electrões do $\pi - system$ estão deslocalizados por toda a molécula e livres para se moverem numa determinada região numa direção, sendo impedidos de sair da *caixa* $\pi - system$.

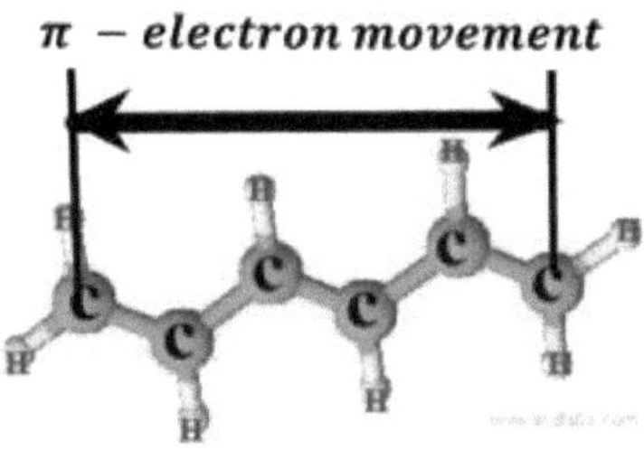

Figura 3: Movimento das electrões π no hexatrieno

Suponhamos que um eletrão de massa m se mova livremente ao longo do eixo x com na região $x = 0$ e $x = a$. Suponha-se que a energia

41

potencial (V_x) da partícula no interior da caixa seja uma constante e que, no exterior, a energia potencial seja infinita. Como a energia potencial (V_x) é constante no interior da caixa, a partícula não tem tendência para se localizar em qualquer ponto da caixa. Para facilitar o cálculo, supõe-se que a energia potencial no interior da caixa é nula.

A energia total é a soma da energia cinética e da energia potencial. Quando a partícula atinge a fronteira, a energia cinética torna-se negativa. Esta situação não corresponde à realidade, pelo que se conclui que, assim que a partícula atinge a fronteira, é reflectida de volta para a caixa. Pela mesma razão, a partícula não pode ser vista fora da caixa, onde a energia potencial é infinita. Assim, dentro da caixa a energia potencial é finita e fora da caixa a energia cinética nunca pode ser negativa. Estas hipóteses estão resumidas na figura 4.

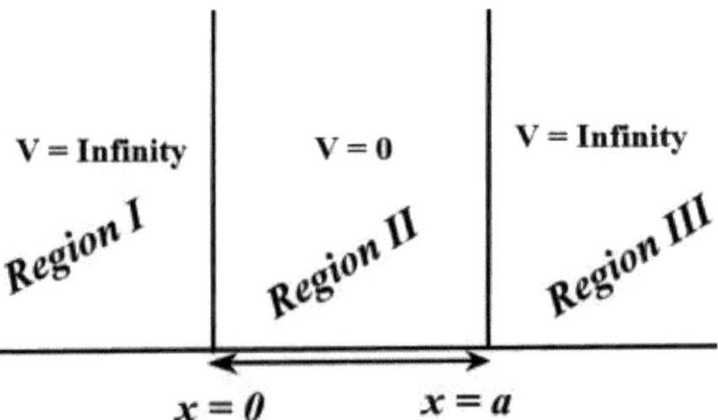

Figura 4: Diagrama esquemático da partícula numa caixa unidimensional

A expressão mecânica clássica para a energia cinética de uma partícula de massa m que se move com uma velocidade v ao longo da x-direção, $T_{(x)}$ é dada por,

$$T_{(x)} = \frac{1}{2}mv^2 = \frac{m^2v^2}{2m} = \frac{P^2_{(x)}}{2m} \dots\dots (47)$$

Substituindo o termo de momento, $P_{(x)}$ pelo seu operador correspondente, obtém-se a expressão em operador mecânico quântico.

$$ieT_{(x)} = \frac{(-i\hbar\,\widehat{\frac{d}{dx}})^2}{2m} = -\frac{\hbar^2}{2m}\frac{\hat{d}^2}{dx^2} \ldots (48)$$

Por conseguinte, o operador Hamiltoniano de energia total para a partícula num problema unidimensional é

$$\hat{H} = -\frac{\hbar^2}{2m}\frac{\hat{d}^2}{dx^2} + V_x \ldots (49)$$

Aqui o Hamiltoniano é independente do tempo, pelo que temos de resolver a equação de Schrodinger independente do tempo para encontrar as funções e valores próprios da partícula numa caixa unidimensional.

$$ie \text{ the solution of } \hat{H} = E\Psi$$

Considere as regiões I e III da figura acima. Para estas duas regiões, a equação de Schrodinger torna-se,

$$\left(-\frac{\hbar^2}{2m}\frac{\hat{d}^2}{dx^2} + V_x\right)\Psi_x = E\Psi_x \ldots (50)$$

O valor da energia potencial, V_x nestas duas regiões é infinito. Então,

$$\left(-\frac{\hbar^2}{2m}\frac{\hat{d}^2}{dx^2} + \infty\right)\Psi_x = E\Psi_x$$

$$(\textbf{Large quantity})\Psi_x = E\Psi_x$$

Se existe a possibilidade de encontrar uma partícula fora da caixa, a partícula deve ter um valor finito de energia. Aqui o valor da energia é infinito, logo a única possibilidade é que $\Psi_x = 0$ nestas regiões. Se $\Psi_x \neq 0$ a partícula nunca se encontrará fora da caixa ou a função de onda desaparece nos limites e a energia torna-se infinita.

Assim, nos limites,

$$ie \text{ when } x = 0;\ \Psi_x = 0 \text{ and } x = a;\ \Psi_x = 0$$

Isto dá as condições de fronteira para esta partícula num sistema de caixa unidimensional.

Consideremos agora a região II. Aqui $V_x = 0$, a equação de Schrodinger torna-se assim

$$\left(-\frac{\hbar^2}{2m}\frac{d^2}{dx^2}\right)\Psi_x = E\Psi_x \dots (51)$$

Reorganize esta equação sob a forma de uma equação diferencial de segunda ordem, empregando os seguintes passos.

$$\frac{\partial^2}{\partial x^2}\Psi_x = \frac{-2mE}{\hbar^2}\Psi_x$$

Substituir o valor de $\frac{-2mE}{\hbar^2}$ por K^2, obtemos

$$\frac{\partial^2}{\partial x^2}\Psi_x = K^2\Psi_x$$

$$or\ \frac{\partial^2}{\partial x^2}\Psi_x + K^2\Psi_x = 0 \dots (52)$$

A equação (52) é uma equação diferencial de segunda ordem e pode ser resolvida da seguinte forma

Assumamos que a solução da equação (52) é $\Psi_x = e^{mx}$ e substituindo este valor de Ψ_x na equação (52) obtemos,

$$\frac{\partial^2}{\partial x^2}e^{mx} + K^2 e^{mx} = 0 \dots (53)$$

 A equação auxiliar correspondente é

$$m^2 + k^2 = 0$$

$$\therefore\ m = \pm ik, \text{where } i = \sqrt{-1}$$

As soluções particulares de equações diferenciais de segunda ordem do tipo (52) são em termos de exponenciais, e^{ikx} and e^{-ikx}. Ao adicionar estas soluções particulares, resulta uma solução com duas constantes arbitrárias independentes e, por conseguinte, a solução completa da equação (52) pode ser escrita como,

$$\Psi_x = A_1 e^{ikx} + A_2 e^{-ikx} \dots (54)$$

Ao expandir as exponenciais em termos de senos e cossenos, obtivemos o seguinte equivalente de.

$$\Psi_x = A_1(Cos\ kx + i\ Sin\ kx) + A_2(Cos\ kx - i\ Sin\ kx)$$

$$or\ \Psi_x = (A_1 + A_2)Cos\ kx + (A_1 - A_2)\ i\ Sin\ kx$$

$$\Psi_x = A\ Cos\ kx + B\ Sin\ kx \ldots (55)$$

Aqui A e B são duas constantes arbitrárias. Para encontrar os valores de A e B, aplique as condições de fronteira.

Neste problema de uma partícula numa caixa unidimensional, as condições de fronteira são $x = 0; \Psi_x = 0$ and $x = a;\ \Psi_x = 0$.

Quando $x = 0; \Psi_x = 0$, a equação (9) passa a ser,

$$0 = A + 0$$

$$or\ A = 0$$

$$\therefore \Psi_x = B\ Sin\ kx$$

Quando $x = a; \Psi_x = 0$, a equação (9) passa a ser,

$$0 = A\ Cos\ ka + B\ Sin\ ka$$

Desde $A = 0;\ B\ Sin\ ka = 0$

$$\therefore \Psi_x = B\ Sin\ ka = 0$$

Se $\Psi_x = 0$ para todos os valores possíveis de x, a presença da função de onda da partícula não está em lado nenhum da caixa. Portanto, a única possibilidade é que B não pode ser zero.

$$\therefore\ Sin\ ka = 0$$

$$ka = Sin^{-1} 0$$

$$ie\ ka = 0, \pi, 2\pi, \ldots$$

Em geral, $ka = n\pi$

$$\therefore k = \frac{n\pi}{a}$$

Assim,

$$\Psi_x = B\ Sin\ \frac{n\pi x}{a} \ldots (56)$$

Aqui o valor de n não pode ser zero. Se $n = 0$ a função de onda torna-se zero para todos os valores de x. Portanto, os valores de $n = 1, 2, 3, \dots$ O valor da constante arbitrária na equação (56) pode ser determinado aplicando a condição de normalização.

$$ie \int_0^a \Psi_x{}^2 \, dx = 1$$

$$\int_0^a \left(B \, Sin \, \frac{n\pi x}{a} \right)^2 dx = 1$$

$$\int_0^a (B)^2 \left(Sin \, \frac{n\pi x}{a} \right)^2 dx = 1$$

$$(B)^2 \int_0^a \left(Sin \, \frac{n\pi x}{a} \right)^2 dx = 1$$

Desde $Sin^2 x = \frac{1 - Cos\, 2x}{2}$,

$$(B)^2 \int_0^a \left(\frac{1 - Cos \, \dfrac{2n\pi x}{a}}{2} \right)^2 dx = 1$$

$$\frac{B^2}{2} \left[\int_0^a dx - \int_0^a Cos \, \frac{2n\pi x}{a} \, dx \right] = 1$$

$$\frac{B^2}{2} \left[[x]_0^a + \frac{2n\pi}{a} \left[Sin \, \frac{2n\pi x}{a} \right]_0^a \right] = 1$$

$$\frac{B^2}{2} \left[a + \frac{2n\pi}{a} \, Sin \, 2\pi n - 0 \right] = 1$$

Desde $Sin \, 2\pi n = 0$,

$$\frac{B^2}{2} = 0$$

$$\therefore B = \sqrt{\frac{2}{a}}$$

$$\therefore \Psi_{nx} = \sqrt{\frac{2}{a}} \, Sin \, \frac{n\pi x}{a} \dots (57)$$

As diferentes funções próprias do sistema são obtidas inserindo $n = 1, 2, 3, \ldots$ na equação anterior.

Nesta derivação, definimos dois valores para K^2 e, igualando estes dois valores, é possível derivar a expressão para os diferentes valores de energia próprios.

$$ie \ K^2 = \frac{2mE}{\hbar^2} \ and \ \frac{n^2\pi^2}{a^2}$$

$$\therefore \frac{2mE}{\hbar^2} = \frac{n^2\pi^2}{a^2}$$

$$E_n = \frac{n^2\hbar^2\pi^2}{2ma^2}$$

$$E_n = \frac{n^2\pi^2}{2ma^2}\frac{h^2}{4\pi^2} \ ; \ \text{since} \ \hbar = \frac{h}{2\pi}$$

$$\therefore E_n = \frac{n^2h^2}{8ma^2}$$

Assim, a energia de uma partícula numa caixa unidimensional depende do valor de n e os valores aceitáveis de n são 1,2,3, ... Se o valor de $n = 1$ obtém-se o valor mínimo possível de energia, que se designa por energia do ponto zero. Este estado mais baixo tem um valor mínimo de energia que é maior que zero e chama-se estado fundamental de uma partícula numa caixa unidimensional. Os estados com energias superiores às do estado fundamental são designados por estados excitados.

Conclusões importantes de uma partícula numa caixa unidimensional

A energia de uma partícula numa caixa unidimensional é quantizada e só pode ter valores integrais. Este facto está de acordo com a teoria quântica e a existência de níveis discretos de energia propostos por Bohr.

A diferença entre os dois níveis de energia consecutivos não é uma constante.

Quanto menor for a dimensão da caixa, maior será a energia da partícula, assim como quanto menor for a dimensão da partícula maior será a energia.

A partícula no problema da caixa unidimensional não terá energia zero, pois o valor da $n = 0$ a função de onda e a probabilidade de encontrar a partícula no interior da caixa serão nulas. A presença de energia de ponto zero quando o valor de $n = 1$ é uma prova indireta do princípio da incerteza de Heisenberg. Assim, a partícula não está em repouso mesmo a $0K$ e é impossível determinar simultaneamente a posição e o momento da partícula.

O gráfico da função de onda ou o gráfico de probabilidade (quadrado da função de onda) para diferentes valores de x revela que em certos pontos os valores se tornam zero. Estes pontos são designados por nós da partícula numa caixa unidimensional. Os gráficos da função de onda, os gráficos de probabilidade e os níveis de energia de uma partícula numa caixa unidimensional são mostrados esquematicamente na figura 5. À medida que o número quântico n aumenta, o número de nós da onda também aumenta. Assim sendo Ψ_{nx} tem $(n - 1)$ nós. Para $(n = 2)$a probabilidade de encontrar a partícula no centro da caixa é nula. Isto significa que a partícula se desloca de um lado para o outro da caixa sem que, em momento algum, seja encontrada no centro da caixa. Classicamente, uma partícula de energia fixa numa caixa salta elasticamente para trás e para a frente entre as paredes, movendo-se a uma velocidade constante, havendo igual probabilidade de encontrar a partícula em qualquer ponto da caixa. Assim, os electrões são partículas microscópicas e o seu movimento não pode ser explicado utilizando o conceito da física clássica das partículas.

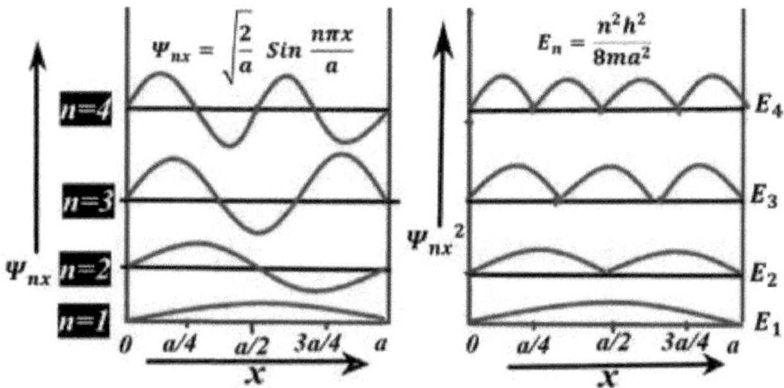

Figura 5: Gráficos da função de onda, gráficos de probabilidade e níveis de energia de uma partícula num problema de caixa unidimensional

Mecanicamente quântico, a probabilidade de encontrar a partícula é máxima no centro da caixa para o nível de energia mais baixo. À medida que avançamos para níveis mais elevados, o número de nós, bem como os máximos e os mínimos de probabilidade, aproximam-se e a variação da probabilidade ao longo do comprimento da caixa torna-se indetetável. Em números quânticos mais elevados, a densidade de probabilidade é uniforme e tanto a mecânica quântica como a mecânica clássica apresentam os mesmos resultados. Este facto é conhecido como o princípio da correspondência de Bohr.

Partícula numa caixa bidimensional (caixa retangular e quadrada)

Consideremos agora a equação de Schrödinger para uma partícula como um eletrão confinado a uma caixa bidimensional, $0 < x < a$ e $0 < y < b$. *Se* $a \neq b$, a partícula se encontra num poço retangular. Se $a = b$ a caixa tornar-se-á um poço quadrado. Em ambos os casos a função de onda da partícula comporta-se como uma partícula livre com energia potencial, $V_{x,y} = 0$ no interior do poço. Como as paredes são impenetráveis, a função de onda $\Psi_{x,y,t} = 0$ nas paredes. Assim, a energia potencial da partícula é nula dentro das paredes da caixa e infinita fora dela. Por conveniência, colocaremos a origem num dos cantos da caixa, como ilustrado abaixo (Figura 6):

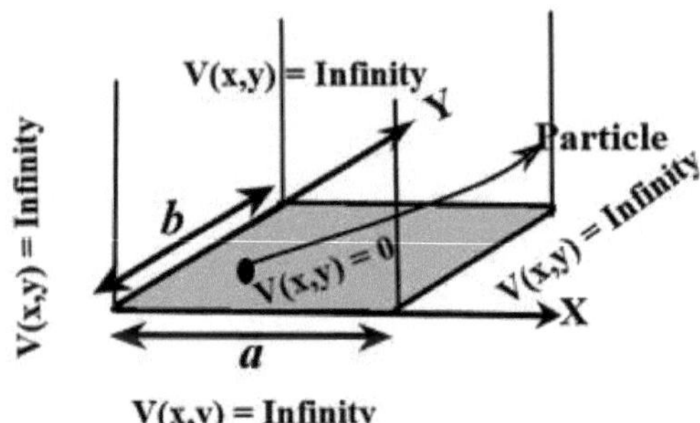

Figura 6: Uma partícula numa caixa bidimensional, $a \times b$, com altura infinita, que se encontra no interior da caixa.

Vamos agora estender a equação de Schrödinger independente do tempo para um sistema unidimensional a este problema que podemos escrever,

$$\frac{\partial^2}{\partial x^2}\Psi_{x,y} + \frac{\partial^2}{\partial y^2}\Psi_{x,y} + \frac{8\pi^2 m}{h^2}(E - V)\Psi_{x,y} = 0 \dots (58)$$

No interior da caixa, a energia potencial, $V_x = 0$.

$$\therefore \frac{\partial^2}{\partial x^2}\Psi_{x,y} + \frac{\partial^2}{\partial y^2}\Psi_{x,y} + \frac{8\pi^2 mE}{h^2}\Psi_{x,y} = 0 \dots (59)$$

Esta equação tem a seguinte função e valores próprios

$$\Psi_{n_{x,n_y}}(x,y) = A \; Sin \; \frac{n_x \pi x}{a} Sin \; \frac{n_y \pi y}{b} \dots (60)$$

$$E_{n_{x,n_y}} = \frac{h^2}{8m}\left(\frac{n_x^2}{a^2} + \frac{n_y^2}{b^2}\right) \dots (61)$$

As funções de onda de uma partícula em duas dimensões não são fáceis de visualizar como no caso de uma dimensão. Uma representação pictórica bidimensional das funções de onda de uma partícula em duas dimensões correspondente aos estados $\Psi_{1,1}$, $\Psi_{1,2}$, $\Psi_{2,1}$ e $\Psi_{2,2}$ de são dadas nas figuras 7 e 8 seguintes.

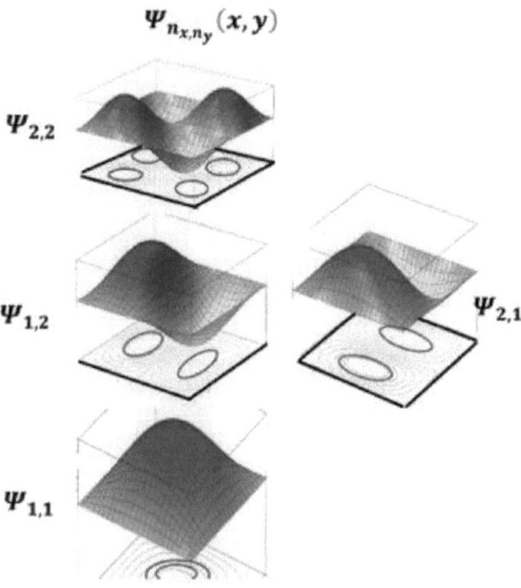

Figura 7: Funções de onda bidimensionais de $\Psi_{1,1}$, $\Psi_{1,2}$, $\Psi_{2,1}$ e $\Psi_{2,2}$

Ao contrário do análogo unidimensional, em que os nós da função de onda são pontos onde $\Psi_n(x) = 0$ aqui uma linha inteira representa os nós chamados linhas nodais. No caso da partícula numa caixa, $n_x + 1$ é o número de nós da função de onda ao longo de x e $n_y + 1$ é o número de nós ao longo de y. O número de linhas nodais pode ser calculado utilizando a relação $n_x + n_y - 2$. Cada conjunto de números quânticos (n_x, n_y) resulta numa função de onda distinguível. Por exemplo, no estado $\Psi_{2,1}(x,y)$ existe uma linha nodal em $\Psi_{2,1}\left(^a/_2, y\right)$. Ao longo de toda a linha $x = {}^a/_2$ a função de onda é independente do valor de y. Do mesmo modo, no estado $\Psi_{1,2}(x,y)$ existe uma linha nodal em $\Psi_{1,2}\left(x, {}^b/_2\right)$ e aqui a função de onda é independente de x ao longo de toda a linha $y = {}^b/_2$. A função de onda $\Psi_{2,2}(x,y)$ tem duas linhas nodais quando $x = {}^a/_2$ e $y = {}^b/_2$.

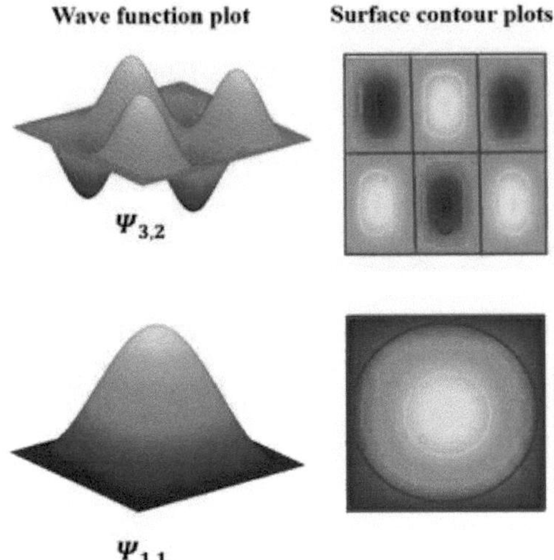

Figura 8: Funções de onda e mapas de contorno de superfície para $\Psi_{1,1}$ and $\Psi_{3,2}$ estados

Degenerescência de uma partícula numa caixa bidimensional

A partícula numa caixa bidimensional tem vários valores próprios de energia que são controlados por dois números quânticos inteiros, n_x e n_y e podem ser calculados utilizando a equação,

$$E_{n_x,n_y} = \frac{h^2}{8m}\left(\frac{n_x^2}{a^2} + \frac{n_y^2}{b^2}\right) \ldots (62)$$

Se as dimensões da caixa a e b de uma caixa retangular estiverem relacionados de tal forma que $^a/_b$ seja irracional, não haverá degenerescências. Diz-se que duas funções de onda distintas são degeneradas se corresponderem à mesma energia. O caso mais degenerado é o de uma caixa quadrada com $a = b$, para a qual $E_{n_x,n_y} = E_{n_y,n_x}$ e dá origem a duas funções de onda distintas.

$$E_{n_x,n_y} = E_{n_y,n_x} = \frac{h^2}{8ma^2}\left(n_x^2 + n_y^2\right) \ldots (63)$$

$$or\ E_{n_x,n_y} = E_{n_y,n_x} = E_0\left(n_x{}^2 + n_y{}^2\right) \dots (64)\ \text{onde } E_0 = \frac{h^2}{8ma^2}.$$

A energia mais baixa corresponde a $n_x = n_y = 1$que conduz à energia,

$$E_{1,1} = E_0(1^2 + 1^2) = 2E_0$$

O primeiro estado excitado será $(n_x = 1, n_y = 2)$ ou $(n_x = 2, n_y = 1)$o que dá origem a um nível de energia duplamente degenerado$(E_{2,1}\ and\ E_{1,2})$ com funções de onda diferentes ,$\Psi_{1,2}(x,y)\ and\ \Psi_{2,1}(x,y)$.

$$E_{2,1} = E_0(2^2 + 1^2) = 5E_0$$
$$E_{1,2} = E_0(1^2 + 2^2) = 5E_0$$

As funções de onda dadas abaixo para o valor próprio acima parecem semelhantes na forma, mas são realmente funções de onda independentes diferentes.

$$\Psi_{1,2}(x,y) = \sqrt{\frac{4}{a^2}}\ Sin\ \frac{\pi x}{a} Sin\ \frac{2\pi y}{a}$$

$$\Psi_{2,1}(x,y) = \sqrt{\frac{4}{a^2}}\ Sin\ \frac{2\pi x}{a} Sin\ \frac{\pi y}{a}$$

Os níveis de energia de uma partícula numa caixa quadrada bidimensional são dados no diagrama abaixo (Figura 9). A linha $E = 0$ mostra quase o zero da escala de energia. A energia mais baixa é $2E_0$. As degenerescências estão listadas à direita, indicando as funções de onda independentes que têm o mesmo valor de energia.

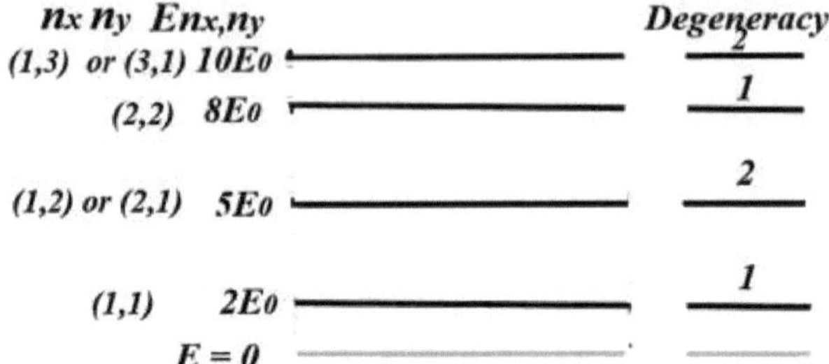

Figura 9: Os níveis de energia de uma partícula numa caixa quadrada bidimensional

Os mapas de contorno da superfície para algumas funções de onda de poço quadrado e de poço retangular para $\Psi_{1,1}$, $\Psi_{1,2}$, $\Psi_{2,1}$ and $\Psi_{2,2}$ são apresentados na figura 10. Aqui os dois estados $\Psi_{1,2}$ and $\Psi_{2,1}$são degenerados no poço quadrado e não degenerados no poço retangular.

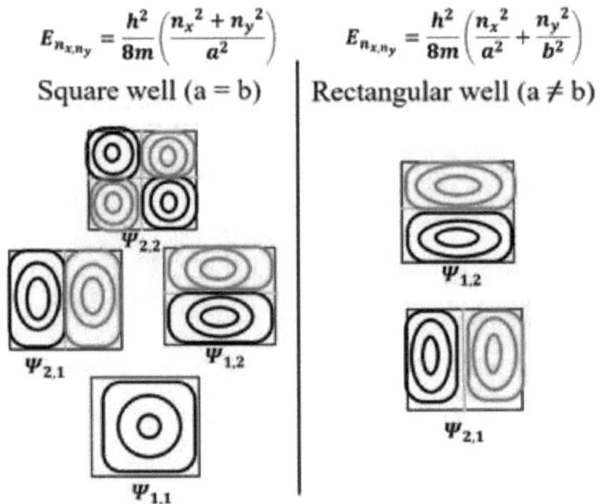

Figura 10: Mapas de contorno para funções de onda de poço quadrado e de poço retangular

Agora vamos encontrar os valores próprios para uma caixa retangular.

$$E_{1,2} = \frac{h^2}{8m}\left(\frac{1^2}{a^2} + \frac{2^2}{b^2}\right)$$

$$E_{2,1} = \frac{h^2}{8m}\left(\frac{2^2}{a^2} + \frac{1^2}{b^2}\right)$$

Uma vez que a e b são diferentes, produzem energias diferentes. Pode verificar-se que $\Psi_{1,2}$ e $\Psi_{2,1}$ são estados próprios diferentes representados por funções próprias diferentes.

Distinção entre caixa quadrada e caixa retangular.

Parâmetros	Caixa quadrada	Caixa retangular
Forma	Simétrico	Assimétrico
Energia	O mesmo	Diferentes
Estado	Diferentes	Diferentes
Degenerescência	Degenerado	Não degenerado

Levantamento da degenerescência no caso de uma partícula numa caixa bidimensional

A aplicação de um campo magnético ou elétrico externo provoca o levantamento da degenerescência. Isto será equivalente a uma mudança na forma do potencial da caixa. Se esta simetria for distorcida ou, em linguagem técnica, se a simetria for quebrada, conduz a um estado não degenerado. Este processo também pode ser demonstrado usando PB através de um cálculo simples usando o lado como um si com um lado ligeiramente distorcido por um comprimento da ao longo do eixo x. O valor da energia é então

$$E_{n_{x,n_y}} = E_x + dE_x + E_y$$

$$dE_x = -\frac{2n_x^2 h^2 da}{8ma^3}$$

Substituindo o valor de dE_x,

$$E_{n_{x,n_y}} = \left(\frac{n_x^2 h^2}{8ma^2} - \frac{2n_x^2 h^2 da}{8ma^3}\right) + \frac{n_y^2 h^2}{8ma^2}$$

Daí que

$$E_{1,2} = \left(\frac{h^2}{8ma^2} - \frac{h^2 da}{4ma^3}\right) + \frac{4h^2}{8ma^2}$$

$$E_{2,1} = \left(\frac{4h^2}{8ma^2} - \frac{h^2 da}{4ma^3}\right) + \frac{h^2}{8ma^2}$$

Aqui os valores de $E_{1,2}$ e $E_{2,1}$ não são iguais e, por conseguinte $\Psi_{1,2}$ e $\Psi_{2,1}$ possuem valores próprios de energia diferentes.

Partícula numa caixa tridimensional

Consideremos uma partícula como um eletrão de massa m confinada numa caixa tridimensional de dimensões a, b e c ao longo do eixo das três coordenadas e que se move livremente no interior da caixa com uma parede impenetrável (**Figura 11**).

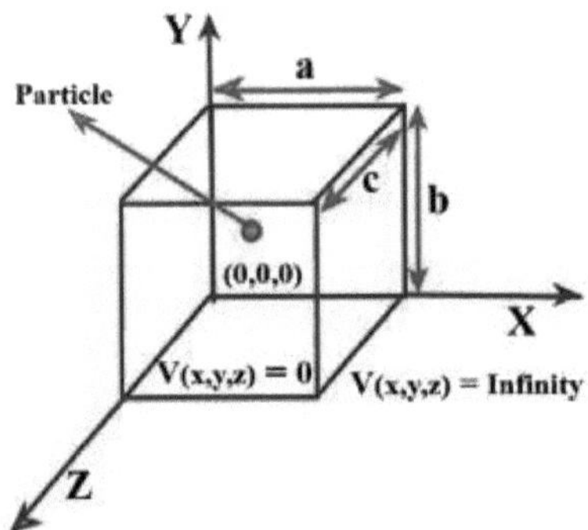

Figura 11: Partícula numa caixa tridimensional

A energia potencial, $V_{x,y,z}$ da partícula dentro da caixa é zero, enquanto que fora da caixa é infinita. Seja $\Psi_{x,y,z}$ seja a função de onda ou função de estado que descreve todos os estados da partícula. Uma vez que a função de onda deve ser bem comportada, tem de desaparecer em todo o lado fora da caixa. Pelo requisito da continuidade, a função de onda também tem de desaparecer nas seis superfícies da caixa. Orientando a caixa de modo a que as suas arestas sejam paralelas aos eixos cartesianos, com um canto em (0,0,0), as seguintes condições de fronteira devem ser satisfeitas:

$$\Psi_{x,y,z} = 0, when\ 0 < x > a\ or\ x = 0\ and\ x = a$$

$$\Psi_{x,y,z} = 0, when\ 0 < y > b\ or\ y = 0\ and\ y = b$$

$$\Psi_{x,y,z} = 0, when\ 0 < z >\ or\ z = 0\ and\ z = c$$

Mecanicamente, é possível avaliar as propriedades físicas da partícula numa caixa tridimensional através da aplicação dos postulados básicos da mecânica quântica. Várias funções e valores próprios deste sistema podem ser obtidos através da resolução do operador hamiltoniano tridimensional sobre a função de onda correspondente, $\Psi_{x,y,z}$. Depois de substituir o valor do Hamiltoniano, a equação de Schrodinger para este problema torna-se,

$$\left[-\frac{\hbar^2}{2m} \left(\frac{\partial^2}{\partial x^2} + \frac{\partial^2}{\partial y^2} + \frac{\partial^2}{\partial z^2} \right) + V_{x,y,z} \right] \Psi_{x,y,z} = E\Psi_{x,y,z}$$

Aqui $\nabla^2 = \frac{\partial^2}{\partial x^2} + \frac{\partial^2}{\partial y^2} + \frac{\partial^2}{\partial z^2}$ é o Laplaciano ou operador de Laplace e $V_{x,y,z}$ é a função de energia potencial. Substituindo o valor de $\hbar = \frac{h}{2\pi}$ e inserindo-o na equação acima, obtemos

$$\left[-\frac{h^2}{8\pi^2 m} \left(\frac{\partial^2}{\partial x^2} + \frac{\partial^2}{\partial y^2} + \frac{\partial^2}{\partial z^2} \right) + V_{x,y,z} \right] \Psi_{x,y,z} = E\Psi_{x,y,z}$$

$$\left[-\frac{h^2}{8\pi^2 m} \left(\frac{\partial^2}{\partial x^2} + \frac{\partial^2}{\partial y^2} + \frac{\partial^2}{\partial z^2} \right) \Psi_{x,y,z} + V_{x,y,z}\Psi_{x,y,z} \right] = E\Psi_{x,y,z}$$

$$\left[-\frac{h^2}{8\pi^2 m} \left(\frac{\partial^2}{\partial x^2} + \frac{\partial^2}{\partial y^2} + \frac{\partial^2}{\partial z^2} \right) \Psi_{x,y,z} + \left(E - V_{x,y,z} \right)\Psi_{x,y,z} \right]$$

$$= 0 \dots (65)$$

O valor do potencial fora da caixa é infinito, pelo que a equação de Schrodinger passa a ser,

$$\left[-\frac{h^2}{8\pi^2 m} \left(\frac{\partial^2}{\partial x^2} + \frac{\partial^2}{\partial y^2} + \frac{\partial^2}{\partial z^2} \right) \Psi_{x,y,z} + \left(E - \infty \right)\Psi_{x,y,z} \right] = 0 \dots (66)$$

Como E é desprezível em comparação com ∞, obtemos

$$\left[-\frac{h^2}{8\pi^2 m}\left(\frac{\partial^2}{\partial x^2}+\frac{\partial^2}{\partial y^2}+\frac{\partial^2}{\partial z^2}\right)\Psi_{x,y,z}+\infty\,\Psi_{x,y,z}\right]=0\;...\;(67)$$

$$\infty\,\Psi_{x,y,z}=-\frac{h^2}{8\pi^2 m}\left(\frac{\partial^2}{\partial x^2}+\frac{\partial^2}{\partial y^2}+\frac{\partial^2}{\partial z^2}\right)\Psi_{x,y,z}$$

$$\Psi_{x,y,z}=\frac{1}{\infty}\left[-\frac{h^2}{8\pi^2 m}\left(\frac{\partial^2}{\partial x^2}+\frac{\partial^2}{\partial y^2}+\frac{\partial^2}{\partial z^2}\right)\Psi_{x,y,z}\right]=0\;....\;(68)$$

O significado físico da equação (68) é que a partícula não pode sair da caixa e é sempre reflectida de volta quando atinge os limites. Por outras palavras, a existência de uma partícula fora da caixa é nula. No interior da caixa a energia potencial, $V_{x,y,z}$ em todo o lado é zero.

$$\therefore\left[-\frac{h^2}{8\pi^2 m}\left(\frac{\partial^2}{\partial x^2}+\frac{\partial^2}{\partial y^2}+\frac{\partial^2}{\partial z^2}\right)\right]\Psi_{x,y,z}=E\Psi_{x,y,z}$$

$$\left[\left(\frac{\partial^2}{\partial x^2}+\frac{\partial^2}{\partial y^2}+\frac{\partial^2}{\partial z^2}\right)\right]\Psi_{x,y,z}=-\frac{8\pi^2 mE}{h^2}\Psi_{x,y,z}$$

$$\left(\frac{\partial^2}{\partial x^2}+\frac{\partial^2}{\partial y^2}+\frac{\partial^2}{\partial z^2}\right)\Psi_{x,y,z}+\frac{8\pi^2 mE}{h^2}\Psi_{x,y,z}=0\;.....\;(69)$$

Esta é uma equação diferencial de segunda ordem e é resolvida por separação de variáveis. Para o fazer, considere a função de onda como o produto de três funções como se segue.

$$\Psi_{x,y,z}=\Psi_x.\,\Psi_y.\,\Psi_z$$

Diferenciando esta equação duas vezes em relação a x, obtemos

$$\frac{\partial^2}{\partial x^2}\Psi_{x,y,z}=\frac{\partial^2}{\partial x^2}\left(\Psi_x.\,\Psi_y.\,\Psi_z\right)=\Psi_y.\,\Psi_z\frac{\partial^2\Psi_x}{\partial x^2}$$

Da mesma forma,

$$\frac{\partial^2}{\partial y^2}\Psi_{x,y,z}=\frac{\partial^2}{\partial y^2}\left(\Psi_x.\,\Psi_y.\,\Psi_z\right)=\Psi_x.\,\Psi_z\frac{\partial^2\Psi_y}{\partial y^2}$$

$$\frac{\partial^2}{\partial z^2}\Psi_{x,y,z}=\frac{\partial^2}{\partial z^2}\left(\Psi_x.\,\Psi_y.\,\Psi_z\right)=\Psi_x.\,\Psi_y\frac{\partial^2\Psi_z}{\partial z^2}$$

Substituindo estes valores na equação (69) e aplicando as regras das derivadas parciais, obtém-se

$$\Psi_y . \Psi_z \frac{\partial^2 \Psi_x}{\partial x^2} + \Psi_x . \Psi_z \frac{\partial^2 \Psi_y}{\partial y^2} + \Psi_x . \Psi_y \frac{\partial^2 \Psi_z}{\partial z^2} + \frac{8\pi^2 mE}{h^2} \Psi_x . \Psi_y . \Psi_z = 0$$

Dividindo esta equação por $\Psi_x . \Psi_y . \Psi_z$

$$\frac{1}{\Psi_x} \frac{\partial^2 \Psi_x}{\partial x^2} + \frac{1}{\Psi_y} \frac{\partial^2 \Psi_y}{\partial y^2} + \frac{1}{\Psi_z} \frac{\partial^2 \Psi_z}{\partial z^2} + \frac{8\pi^2 mE}{h^2} = 0$$

Vamos supor que $\frac{8\pi^2 mE}{h^2} = k^2$ então esta equação tem a forma

$$\frac{1}{\Psi_x} \frac{\partial^2 \Psi_x}{\partial x^2} + \frac{1}{\Psi_y} \frac{\partial^2 \Psi_y}{\partial y^2} + \frac{1}{\Psi_z} \frac{\partial^2 \Psi_z}{\partial z^2} + k^2 = 0 \ .... (70)$$

Além disso, a constante de fragmentação k tem três componentes, ao longo de x, y e z eixo, então

$$k^2 = k_x{}^2 + k_y{}^2 + k_z{}^2$$

Por conseguinte, a equação (70) pode ser escrita como

$$\frac{1}{\Psi_x} \frac{\partial^2 \Psi_x}{\partial x^2} + \frac{1}{\Psi_y} \frac{\partial^2 \Psi_y}{\partial y^2} + \frac{1}{\Psi_z} \frac{\partial^2 \Psi_z}{\partial z^2} + k_x{}^2 + k_y{}^2 + k_z{}^2 = 0 \ .... (71)$$

Esta equação (71) pode ser escrita como a soma de três equações com uma variável cada.

$$\frac{1}{\Psi_x} \frac{\partial^2 \Psi_x}{\partial x^2} + k_x{}^2 = 0$$

$$or \ \frac{\partial^2 \Psi_x}{\partial x^2} + k_x{}^2 \Psi_x = 0 \ .... (72)$$

$$\frac{1}{\Psi_y} \frac{\partial^2 \Psi_y}{\partial y^2} + k_y{}^2 = 0$$

$$or \ \frac{\partial^2 \Psi_y}{\partial y^2} + k_y{}^2 \Psi_y = 0 \ .... (73)$$

$$\frac{1}{\Psi_z} \frac{\partial^2 \Psi_z}{\partial z^2} + k_z{}^2 = 0$$

$$or \ \frac{\partial^2 \Psi_z}{\partial z^2} + k_z{}^2 \Psi_z = 0 \dots (74)$$

As equações (72), (73) e (74) são as equações diferenciais parciais para uma partícula numa caixa unidimensional. As funções próprias normalizadas e os valores próprios das equações são,

$$\Psi_{n_x}(x) = \sqrt{\frac{2}{a}} \ Sin \ \frac{n_x \pi x}{a} \ and \ E_{n_x} = \frac{n_x{}^2 h^2}{8ma^2}$$

$$\Psi_{n_y}(y) = \sqrt{\frac{2}{b}} \ Sin \ \frac{n_y \pi y}{b} \ and \ E_{n_y} = \frac{n_y{}^2 h^2}{8mb^2}$$

$$\Psi_{n_z}(z) = \sqrt{\frac{2}{c}} \ Sin \ \frac{n_z \pi z}{c} \ and \ E_{n_z} = \frac{n_z{}^2 h^2}{8mc^2}$$

A função de onda total e a energia de uma partícula numa caixa tridimensional podem ser obtidas combinando as equações.

$$\Psi_{n_{x,n_y,n_z}}(x, y, z) = \sqrt{\frac{8}{abc}} \ Sin \ \frac{n_x \pi x}{a} Sin \ \frac{n_y \pi y}{b} Sin \ \frac{n_z \pi z}{c} \dots (75)$$

$$E_{n_{x,n_y,n_z}} = \left(\frac{n_x{}^2}{a^2} + \frac{n_y{}^2}{b^2} + \frac{n_z{}^2}{c^2} \right) \frac{h^2}{8m} \dots (76)$$

Aqui n pode assumir valores, 1,2,3, ... e a energia do ponto zero é três vezes superior à da partícula numa caixa unidimensional. A ocorrência de três números quânticos é caraterística de um problema tridimensional em mecânica quântica.

Se as dimensões da caixa forem diferentes, $a \neq b \neq c$ para cada conjunto de números quânticos, existe um número discreto de níveis de energia presentes no sistema. Todos os níveis de energia são não-degenerados. Isto significa que existe apenas uma função de onda para um conjunto de números quânticos. No entanto, a degenerescência da mecânica quântica ocorrerá se as dimensões da caixa forem iguais ou estiverem proporcionalmente relacionadas. Consideremos uma caixa cúbica com dimensões, $x = a, y = a, z = a$ a expressão da função e do valor próprios passa a ser

$$\Psi_{n_x,n_y,n_z}(x,y,z) = \sqrt{\frac{8}{a^3}} \; Sin\; \frac{n_x\pi x}{a} Sin\; \frac{n_y\pi y}{a} Sin\; \frac{n_z\pi z}{a} \dots (77)$$

$$E_{n_x,n_y,n_z} = \frac{h^2}{8ma^2}\left(n_x{}^2 + n_y{}^2 + n_z{}^2\right) \dots (78)$$

Então o estado fundamental é definido pelo número quântico, $\left(n_x, n_y, n_z\right) = (1,1,1)$.

Isto corresponde aos seguintes valores para a função e o valor de eigen.

$$E_{1,1,1} = \frac{h^2}{8ma^2}(1^2 + 1^2 + 1^2) = 3\;\frac{h^2}{8ma^2}$$

$$\Psi_{1,1,1}(x,y,z) = \sqrt{\frac{8}{a^3}} \; Sin\; \frac{\pi x}{a} Sin\; \frac{\pi y}{a} Sin\; \frac{\pi z}{a}$$

O primeiro estado excitado é obtido alterando qualquer um dos três números quânticos é igual a 2. Portanto, obtemos um estado triplamente degenerado com números quânticos $\left(n_x, n_y, n_z\right) = (2,1,1), (1,2,1) \, or \, (1,1,2)$ com um valor de energia igual a $6\;\frac{h^2}{8ma^2}$ e três conjuntos diferentes de funções próprias.

$$\Psi_{2,1,1}(x,y,z) = \sqrt{\frac{8}{a^3}} \; Sin\; \frac{2\pi x}{a} Sin\; \frac{\pi y}{a} Sin\; \frac{\pi z}{a}$$

$$\Psi_{1,2,1}(x,y,z) = \sqrt{\frac{8}{a^3}} \; Sin\; \frac{\pi x}{a} Sin\; \frac{2\pi y}{a} Sin\; \frac{\pi z}{a}$$

$$\Psi_{1,1,2}(x,y,z) = \sqrt{\frac{8}{a^3}} \; Sin\; \frac{\pi x}{a} Sin\; \frac{\pi y}{a} Sin\; \frac{2\pi z}{a}$$

A degenerescência no caso de uma partícula numa caixa tridimensional surge devido à capacidade da partícula possuir diferentes componentes da sua energia cinética quantizada ao longo dos três eixos de coordenadas cartesianas, enquanto a sua energia total permanece a mesma. O grau de degenerescência de qualquer nível é igual ao número de estados que têm o mesmo valor de energia. O grau de degenerescência dos primeiros níveis de energia da partícula numa caixa cúbica é dado na figura 12.

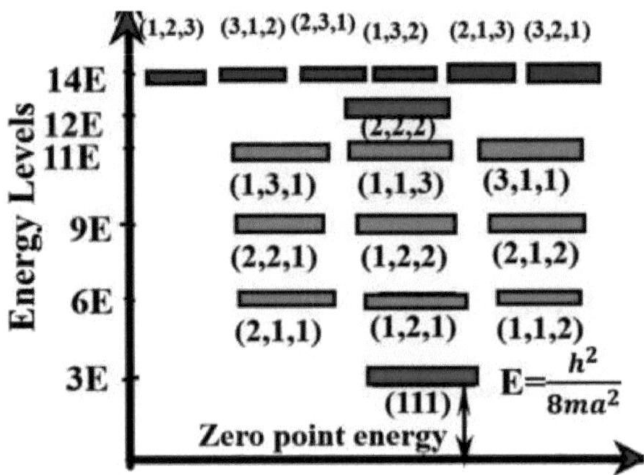

$$E = \frac{h^2}{8ma^2}$$

Figura 12: Degenerescência e níveis de energia de uma partícula numa caixa cúbica

QUESTÕES E PROBLEMAS

Questões objectivas/de escolha múltipla

1. Se uma partícula quântica estiver confinada numa caixa rígida de comprimento L, então, a função de onda

da partícula situa-se em que região?

(a) $0 < x > L$

(b) $0 < x$

(c) $x > L$

(d) $x = L$

Resposta: (a) $0 < x > L$

2. Para uma partícula no interior de uma caixa rígida, o potencial é máximo em

(a) $x = L$

(b) $x = 2L$

(c) $x = 3L$

(d) $x = L/2$

Resposta: (a) $x = L$

3. A função de onda normalizada para uma partícula no interior de uma caixa rígida de comprimento 2L é dada por

(a) $\sqrt{\frac{L}{2}}\ Sin\ \frac{n\pi x}{2L}$

(b) $\sqrt{\frac{2}{L}}\ Sin\ \frac{n\pi x}{2L}$

(c) $\sqrt{\frac{L}{2}}\ Sin\ \frac{n\pi x}{L}$

(d) $\sqrt{L}\ Sin\ \frac{n\pi x}{2L}$

Resposta: (d) $\sqrt{L}\ Sin\ \frac{n\pi x}{2L}$

4. A degenerescência do estado com energia $\frac{27h^2}{8mL^2}$ para uma partícula numa caixa cúbica 3-D de comprimento L é

(a) 1

(b) 2

(c) 3

(d) 4

Resposta: (d) 4

5. O estado fundamental de uma caixa cúbica tridimensional é dado por $\Psi_{(n_x,n_y,n_z)}$, quais são os valores de $n_x, n_y\ and\ n_z$ são ...., respetivamente.

(a) $(0,0,0)$

(b) $(1,0,0)$

(c) $(1,0,1)$

(d) $(1,1,1)$

Resposta: (d) $(1,1,1)$

6. A constante de normalização para uma caixa unidimensional de comprimento L é igual a

(a) $\sqrt{\frac{L}{2}}$

(b) $\sqrt{\frac{2}{L}}$

(c) $\sqrt{\frac{1}{2L}}$

(d) $\sqrt{2L}$

Resposta: (b) $\sqrt{\frac{2}{L}}$

7. Considere uma partícula de massa m presa numa caixa unidimensional de largura L com infinitas barreiras potenciais em ambos os lados. Quais das afirmações abaixo são **verdadeiras** em relação a este sistema?

(a) O valor médio da posição x é sempre $L/2$.

(b) Quando a massa da partícula duplica, as energias quantizadas diminuem todas por um fator de 2.

(c) O valor mais provável da posição x é sempre $L/2$.

(d) Ambos (a) e (b)

Resposta: (d) Ambos (a) e (b)

8. Qual das seguintes afirmações é falsa acerca da partícula "livre" numa dimensão?

(a) O operador hamiltoniano é $\widehat{H} = -\frac{\hbar^2}{2m}\frac{d^2}{dx^2}$

(b) A energia é dada por $E = \frac{n^2 h^2}{8ma^2}$

(c) Os seus níveis de energia são quantizados.

(d) Todas as anteriores

Resposta: (c) Os seus níveis de energia são quantizados.

Perguntas de resposta curta.

(1) Definir degenerescência de uma partícula numa caixa tridimensional.

Perguntas de resposta longa

(1) Derivar a equação de onda de Schrodinger dependente do tempo numa dimensão e em três dimensões.

(2) Descubra os estados de energia e as funções de onda de uma partícula numa caixa tridimensional cujos comprimentos são idênticos.

Problemas

(1) Normalizar a função de onda $\Psi_{nx} = N\ Sin\ \frac{n\pi x}{a}$ para uma partícula numa caixa unidimensional.

Resposta: Aqui $\Psi_{nx} = N\ Sin\ \frac{n\pi x}{a}$ e encontrar o valor de N como $\sqrt{\frac{2}{a}}$

(2) Mostre que a primeira e a segunda funções de onda excitadas de uma partícula numa caixa unidimensional são ortogonais.

Resposta: Aqui a primeira função de onda do estado excitado com $n = 1$ é $\Psi_{1x} = \sqrt{\frac{2}{a}}\ Sin\ \frac{\pi x}{a}$ e a segunda função de onda do estado excitado

Rion com $n = 2$ é $\Psi_{2x} = \sqrt{\frac{2}{a}}\ Sin\ \frac{2\pi x}{a}$. Então mostre que

$$\int_0^a \sqrt{\frac{2}{a}}\ Sin\ \frac{\pi x}{a}\sqrt{\frac{2}{a}}\ Sin\ \frac{2\pi x}{a}\,dx = 0.$$

(3) Encontre o valor médio do momento linear no caso de uma partícula numa caixa unidimensional.

Resposta: Para uma partícula numa caixa unidimensional, as expressões para o operador de momento linear e para as funções de onda são $\hat{P}_x = -i\hbar \frac{d}{dx}$ e $\Psi_{nx} = \sqrt{\frac{2}{a}}\ Sin\ \frac{n\pi x}{a}$ respetivamente. Então encontre $< \hat{P}_x >$ e obterá o valor zero.

(4) Encontre o valor médio do quadrado do momento linear de uma partícula numa caixa unidimensional.

Responder: Encontrar $< \hat{P}_x{}^2 >$ e obterá o valor como $\frac{n^2 h^2}{4ma^2}$.

(5) Esboce os primeiros quatro níveis de energia da partícula numa caixa unidimensional.

Responde: Encontre os valores de $E_n = \frac{n^2 h^2}{8ma^2}$ com $n = 0, 1, 2, 3\ and\ 4$ e depois desenhe a energia.

(6) Um eletrão está confinado numa caixa unidimensional de comprimento 1A. Calcule a sua energia no estado fundamental em eV. A quantificação dos níveis de energia é observável?

Responde: Utilizar a expressão de energia com $n = 1$; $E_1 = \frac{h^2}{8ma^2} = $ 37.6 eV. Para a quantificação, encontrar $\Delta E = E_2 - E_1$ e, tomando a diferença, obterá o valor de 11,8 eV.

(7) Calcule a frequência da luz utilizada para excitar a partícula numa caixa unidimensional do segundo para o terceiro estado, desde que o comprimento da caixa seja 1A e a massa da partícula seja $9.31 \times 10^{-31} kg$.

Responder: Encontrar $\Delta E = E_3 - E_2$ então $\Delta E = h\upsilon$. O valor de υ é $0.57 \times 10^{17} Hz$

(8) Calcule a probabilidade de uma partícula numa caixa unidimensional com no limite $0\ to\ a/2$.

Responder: Probabilidade $= 1/2$

(9) Calcule a probabilidade de uma partícula numa caixa unidimensional com no limite 0 *to* $0.5a$.

Responder: Probabilidade $= 0.5$

(10) Calcule o grau de degenerescência de uma partícula de caixa cúbica de energia, $\frac{27h^2}{8ma^2}$.

Resposta: Aqui dado $E_{n_x,n_y,n_z} = \frac{h^2}{8ma^2}\left(n_x{}^2 + n_y{}^2 + n_z{}^2\right) = \frac{27h^2}{8ma^2}$. Triplamente degenerado com estados quânticos $\left(n_x, n_y, n_z\right) = (1,1,5)(1,5,1)$ *and* $(5,1,1)$.

(11) Calcular a energia de ponto zero de um eletrão numa caixa tridimensional de comprimento $1 \times 10^{-9}m$, $2 \times 10^{-9}m$ e $3 \times 10^{-10}m$.

Responder: $6.7 \times 10^{-17} J$.

(12) Calcular a posição média da partícula numa caixa unidimensional.

Resposta: O operador para a posição da partícula numa caixa unidimensional é $\hat{x}$. Portanto, encontre $< \hat{x} >$ e a função de onda é $\Psi_{nx} = \sqrt{\frac{2}{a}}\ Sin\ \frac{n\pi x}{a}$. O valor de $< \hat{x} >$ é $a/2$.

(13) Um eletrão está confinado no estado fundamental numa caixa unidimensional de largura 10^{-10} m. A sua energia é de 38 eV. Calcule:

(a) A energia do eletrão no seu primeiro estado excitado.

(b) A força média nas paredes da caixa quando o eletrão está no estado fundamental.

(14) Mostre que a função de onda no caso de uma "partícula numa caixa" constrangida a mover-se ao longo de dois eixos é normalizada.

(14) Resolva a equação de Schrodinger para uma partícula numa caixa com lados $x = 0$ e $x = a$ com a condição de fronteira de que $\Psi_0 = \Psi_x = 0$ e encontre os valores próprios e os estados próprios normalizados?

(15) Um eletrão encontra-se numa caixa unidimensional com 1,0 nm de comprimento. Qual é a probabilidade de localizar o eletrão entre $x = 0$ (a aresta esquerda) e $x = 0.2\ nm$ no seu estado de menor energia?

(16) Calcule o valor médio do momento $\langle P_x \rangle$ e o quadrado do momento $\langle P_x{}^2 \rangle$ no caso de uma partícula numa caixa unidimensional.

(17) Considere-se um eletrão em hélio superfluido (4_{He}) onde forma uma cavidade de solvatação com um raio de 20 Å. Calcule a energia do ponto zero e a diferença de energia entre o estado fundamental e o primeiro estado excitado, aproximando o eletrão de uma partícula numa caixa tridimensional.

CAPÍTULO 4

Tunelamento mecânico quântico

O tunelamento quântico é um fenómeno em que uma partícula subatómica ou um átomo pode apresentar-se numa região classicamente proibida (Figura 13). Trata-se de um paradoxo do ponto de vista clássico, pois permite às partículas elementares e aos átomos atravessar uma barreira energética sem necessidade de energia suficiente para a ultrapassar. As partículas movem-se através de barreiras densas sem esforço, como se as barreiras não existissem de todo.

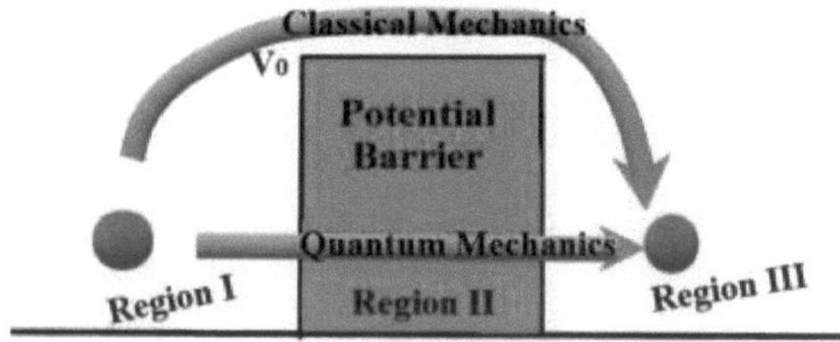

Figura 13: Representação esquemática da abertura de túneis

Assim, o tunelamento quântico é definido como um processo mecânico quântico em que as funções de onda podem penetrar através de uma barreira potencial. O tunelamento ocorre com barreiras de espessura de cerca de 1-3 nm e mais pequenas. O tunelamento quântico não pode ser explicado através das leis da mecânica clássica e é considerado como uma das novas implicações da mecânica quântica. O tunelamento também pode ser explicado através do princípio da incerteza de Heisenberg e da dualidade onda-partícula da matéria.

Partícula com uma barreira potencial finita

Vamos ilustrar o conceito de tunelamento considerando o movimento de uma partícula quântica através de uma barreira potencial com uma espessura definida (**Figura 14**). À medida que a barreira se torna cada vez mais pequena, a probabilidade de medir a localização da partícula fora da barreira aumenta. O exemplo mais fácil de resolver de tunelamento quântico é numa dimensão. Neste caso, existem três "regiões" numa dimensão do espaço. Para as regiões I e III, $V_{(x)} = 0$, enquanto que na região II, $V_{(x)}$ é um valor constante (chamar-lhe-emos V_0). Matematicamente, isto escreve-se:

$$V_{(x)} = 0; x \leq 0$$

$$V_{(x)} = V_0; 0 < x < L$$

$$V_{(x)} = 0; x \geq L$$

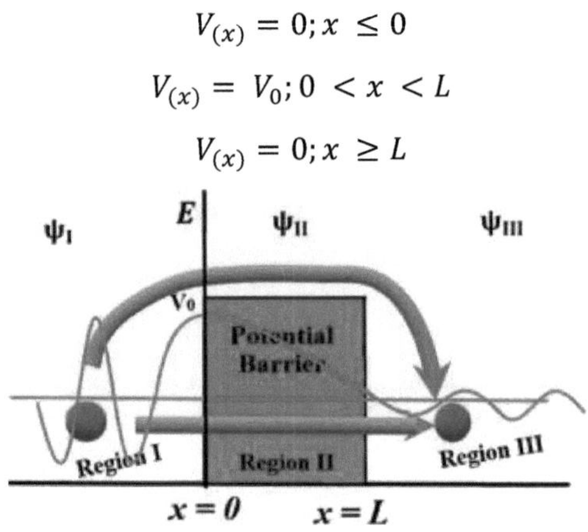

Figura 14: Representação do tunelamento de uma partícula quântica através de uma barreira.

De acordo com a interpretação padrão da mecânica quântica, o estado quântico das partículas materiais, como os electrões, pode ser descrito por uma função de onda $\psi_{(x)}$ que apresenta o fenómeno da dualidade onda-partícula. Por conseguinte, uma partícula pode ser descrita como uma onda-matéria. Uma onda-matéria pode ser representada matematicamente por uma função de onda que é a solução de uma equação de onda. A equação de onda apropriada para partículas materiais é a equação de Schrödinger, cuja solução descreve o comportamento de uma partícula no espaço e no tempo. Assim, a natureza do processo de tunelamento de uma partícula quântica através de uma barreira potencial com uma espessura definida pode ser explicada utilizando a equação de Schrodinger mais fundamental. A equação de Schrodinger descreve a "função de onda" de uma partícula quântica, analogamente à forma como as equações de Maxwell descrevem os campos eléctricos e magnéticos.

$$-\frac{\hbar^2}{2m}\frac{\partial^2}{\partial x^2}\psi_{(x)} + V_{(x)}\psi_{(x)} = E\psi_{(x)} \ldots (79)$$

Na equação de Schrodinger, $\hbar$ é uma constante, m é a massa da partícula em consideração, $V_{(x)}$ é a barreira de energia que a partícula irá observar, E é a energia da partícula, e $\psi_{(x)}$ é a função de onda da partícula. Solução da função de onda, $\psi_{(x)}$ fornece tudo sobre o sistema.

A equação ..... (79) diz-nos que no interior de uma barreira de potencial existe um amortecimento exponencial da função de onda ao longo da direção positiva (a Figura 14 ilustra este amortecimento). x O facto de a função de onda no interior da barreira de potencial ($0 \leq x \leq L$) ser apenas amortecida e não completamente apagada tem uma consequência importante: desde que a largura da barreira não seja demasiado grande, ainda existe uma pequena amplitude da função de onda atrás da barreira. Isto significa que, embora a função de onda $\boldsymbol{\psi}_{(x)}$ reflicta a natureza ondulatória de uma partícula, é de valor complexo e, portanto, não fornece um parâmetro de medida.

O quadrado do valor absoluto da função de onda, $|\boldsymbol{\psi}_x|^2$ pode ser estatisticamente interpretado como a densidade de probabilidade de uma partícula ser detectada num ponto de localização x. Sabemos que a partícula tem de estar localizada algures no espaço, o que pode ser representado da seguinte forma

$$\int_{-\infty}^{+\infty} \left| \boldsymbol{\psi}_{(x)} \right|^2 dx = 1 \dots (80)$$

Esta equação indica que, tomando o valor absoluto da função de onda, elevando-o ao quadrado e somando-o a todo o espaço, a probabilidade exacta de encontrar a partícula é igual a 1. No entanto, a amplitude remanescente da função de onda por detrás da barreira significa que existe uma probabilidade pequena, mas ainda assim existente, de uma partícula "transmitir" ou "tunelar" através da barreira, mesmo que não exista energia suficiente para ultrapassar a barreira de forma clássica. Esta probabilidade é designada por probabilidade de transmissão (P) no interior da barreira potencial ($0 \leq x \leq L$).

$$P = \frac{|\boldsymbol{\psi}_L|^2}{|\boldsymbol{\psi}_0|^2} = e^{-2kL} \dots (81)$$

Conhecemos a energia da barreira em todo o espaço ($V_{(x)}$), podemos escolher uma energia (E) para a partícula, e podemos assumir que a partícula tem alguma massa que é conhecida (m). Com tudo isso, podemos resolver para $\square$(x) em cada uma das três regiões.

Nesta altura, precisamos de saber a energia do eletrão (E). Na verdade, há três opções para a energia que nos interessa. A física clássica prevê a transmissão total para $E > V_0$ e a reflexão total para $E < V_0$. Como veremos, a mecânica quântica prevê uma transmissão quase total para $E \gg V_0$ e uma reflexão quase total para $E \ll V_0$. É no regime $E \sim V_0$ que se esperam os fenómenos inabituais, ou quânticos. Assim, há três opções para a energia que nos interessa: o caso de $E > V_0$, o caso de $E = V_0$ e o caso de $E < V_0$.

Energia da partícula E > V_0

Classicamente, a partícula atravessa a barreira de cada vez. A velocidade da partícula diminui ao atravessar a barreira. A energia total do sistema pode ser escrita como

$$K = \frac{1}{2}\, mV^2 = E - V_0 \ ... (82)$$

Em termos de mecânica quântica, a partícula é considerada como uma função de onda. Consideremos uma analogia com a ótica: quando a luz sob a forma de uma onda electromagnética viaja de um meio para outro, por exemplo do ar para o vidro, o comprimento de onda muda devido à alteração do índice de refração. Parte da luz incidente é transmitida e outra parte é reflectida. Estendemos esta analogia à escala quântica e descrevemos a função de onda em termos de uma onda incidente, uma onda reflectida e uma onda transmitida. Podemos resolver a equação de Schrodinger para cada função de onda utilizando as condições de fronteira apropriadas

Podemos resumir as propriedades das partículas em cada região ($E > V_0$, $E \sim V_0$ e $E < V_0$) da Figura 14:

$$Region\ I: P_1 = \sqrt{2mE} \implies k_1 = \frac{\sqrt{2mE}}{\hbar} \ ... (83)$$

$$Region\ II: P_2 = \sqrt{2m(E - V_0)} \implies k_2 = \frac{\sqrt{2m(E - V_0)}}{\hbar} \ ... (84)$$

$$Region\ III: P_3 = \sqrt{2mE} \implies k_3 = k_1 = \frac{\sqrt{2mE}}{\hbar} \ ... (85)$$

As barreiras são estacionárias, $V_{(x)}$ não varia com o tempo, pelo que podemos efetuar uma separação de variáveis e utilizar uma equação de Schrödinger independente do tempo (unidimensional) para cada região:

$$\frac{\partial^2 \psi_I}{\partial x^2} + \frac{2m}{\hbar^2}\, E\psi_I = 0 \ .... (86)$$

$$\frac{\partial^2 \psi_{II}}{\partial x^2} + \frac{2m}{\hbar^2}\, (E - V_0)\psi_{II} = 0 \ .... (87)$$

$$\frac{\partial^2 \psi_{III}}{\partial x^2} + \frac{2m}{\hbar^2} E\psi_{III} = 0 \dots \dots \dots (88)$$

As funções de onda apresentam então soluções da forma

$$\psi_I = A\,e^{ik_1 x} + B\,e^{-ik_1 x} \dots (89) for\ x < 0$$

$$\psi_{II} = C e^{k_2 x} + D e^{-k_2 x} \dots (90) for\ 0 < x < L$$

$$\psi_{III} = F\,e^{ik_1 x} + G\,e^{-ik_1 x} \dots (91) for\ x > L$$

Cada solução representa a componente independente do tempo de uma onda viajante. Cada termo é referido como uma amplitude. A primeira amplitude (A) é uma onda que viaja na direção $x > 0$ou seja, para a direita. Resumimos cada uma das amplitudes na Tabela 2. Note-se que impomos a condição inicial de que a onda incidente chega da esquerda movendo-se na direção x positiva.

Amplitude	Direção
$Ae^{ik_1 x}$	Onda incidente deslocando-se para a direita
$Be^{-ik_1 x}$	Onda reflectida movendo-se para a esquerda
$Ce^{ik_2 x}$	Onda de barreira a deslocar-se para a direita
$De^{-ik_2 x}$	Onda de barreira a deslocar-se para a esquerda
$Fe^{ik_1 x}$	Onda transmitida movendo-se para a direita
$Ge^{-ik_1 x}$	Onda incidente a deslocar-se para a esquerda
Tabela 2: Funções de onda na barreira potencial	

As quantidades □, F, □, G são as amplitudes de transição e reflexão, e C, D são os coeficientes das ondas evanescentes e anti-evanescentes no interior da barreira, respetivamente. Estas quantidades podem ser obtidas a partir das condições de correspondência (continuidade/limite):

$$\psi_I = \psi_{II}\ ; x = 0 \dots (92)$$

$$\frac{\partial \psi_I}{\partial x} = \frac{\partial \psi_{II}}{\partial x} \; ; x = 0 \dots (93)$$

$$\psi_{II} = \psi_{III} \; ; x = L \dots (94)$$

$$\frac{\partial \psi_{II}}{\partial x} = \frac{\partial \psi_{III}}{\partial x} \; ; x = L \dots (95)$$

As condições de fronteira (x = 0 e x= L) geram quatro equações:

$$A + B = C + D \dots (96)$$

$$ik_1 A - ik_1 B = ik_2 C - ik_2 D \dots (97)$$

$$C e^{ik_2 L} + D e^{-ik_2 L} = F e^{ik_2 L} \dots (98)$$

$$ik_2 C e^{ik_2 L} - ik_2 D e^{-ik_2 L} = ik_1 F e^{-ik_1 L} \dots (99)$$

Estamos agora em condições de definir as probabilidades de transmissão e de reflexão. Se A e F são os coeficientes das funções de onda que representam uma onda contínua que avança nas regiões I e III, então $\left| \frac{F^* F}{A^* A} \right|$ representa a probabilidade relativa de encontrar a partícula nessas duas regiões. Chama-se a isso probabilidade de transmissão ou coeficiente de transmissão (T).

$$T \equiv \frac{\psi_{trans}^* \psi_{trans}}{\psi_{incid}^* \psi_{incid}} = \frac{F^* e^{-ik_1 x} F e^{ik_1 x}}{A^* e^{-ik_1 x} A e^{ik_1 x}} = \frac{F^* F}{A^* A} \dots (100)$$

$$T = \left(1 + \frac{V_0^2 Sin^2 (k_2 L)}{4E(V_0 - E)} \right)^{-1} \dots (101) for \; E > V_0$$

Um valor definido de T significa que existe uma probabilidade definida de encontrar a partícula na região III, contrariamente às previsões clássicas, ou seja, a partícula atravessa a barreira em túnel.

Do mesmo modo, a probabilidade de reflexão (R) pode ser calculada utilizando a equação,

$$R \equiv \frac{\psi_{ref}^* \psi_{ref}}{\psi_{incid}^* \psi_{incid}} = \frac{B^* e^{ik_1 x} B e^{-ik_1 x}}{A^* e^{-ik_1 x} A e^{ik_1 x}} = \frac{B^* B}{A^* A} \dots (102)$$

Energia das partículas $E < V_0$

Classicamente, uma partícula de energia $E < V_0$ é sempre reflectida pela barreira de potencial. Quando consideramos uma partícula descrita por uma função de onda quântica, observamos uma possibilidade pequena, mas finita, de a partícula fazer um "túnel" através da barreira e continuar do outro lado.

A análise da situação $E < V_0$ segue a análise anterior para $E < V_0$ com a exceção de que temos de modificar o número de onda dentro da barreira (Equação $\frac{\partial^2 \psi_{II}}{\partial x^2} + \frac{2m}{\hbar^2}(E - V_0)\psi_{II} = 0 \dots (87)$)

$$k_2 = \frac{\sqrt{2m(E - V_0)}}{\hbar} = \frac{\sqrt{-2m(V_0 - E)}}{\hbar} \dots (103)$$

que é agora uma quantidade imaginária. Assim, definimos $k_2 = iK$ em que

$$K = \frac{\sqrt{2m(V_0 - E)}}{\hbar} \dots (104)$$

e a função de onda na região 2 pode ser reescrita como

$$\psi_{II} = Ce^{-ik_2 x} + De^{ik_2 x} = Ce^{Kx} + De^{-Kx} \dots (105)$$

ou seja, a função de onda dentro da barreira é agora descrita por um termo exponencial, em vez de um termo oscilatório.

Aqui também podemos calcular a probabilidade de transmissão como

$$T = \left(1 + \frac{V_0^2 \sinh^2(KL)}{4E(V_0 - E)}\right)^{-1} \dots (106)$$

O facto de T assumir um valor diferente de zero indica a probabilidade finita de a partícula atravessar a barreira e continuar do outro lado. Que forma assume a probabilidade de tunelamento? Supondo que $KL \gg 1$ podemos escrever

$$T = 16 \frac{E}{V_0}\left(1 - \frac{E}{V_0}\right)e^{-2KL} \dots (107)$$

ou seja, a probabilidade de tunelamento decai exponencialmente para uma barreira potencial mais espessa. Como $K \propto \sqrt{V_0 - E}$ notamos que a probabilidade de tunelamento é mais sensível à espessura da barreira L do que à sua altura V_0.

Vamos agora resumir como deve ser a função de onda para estes diferentes casos:

Para $E > V_0$ suponha que a onda se desloca para a direita. Na região I, temos uma onda sinusoidal que será reflectida e transmitida. Na região II, temos outra onda senoidal (desta vez com um comprimento de onda maior), que será transmitida e reflectida. Na região III, temos outra onda senoidal com o mesmo comprimento de onda da região I, mas sem reflexão.

Para $E < V_0$ mais uma vez, a onda desloca-se para a direita. A região I tem o mesmo aspeto qualitativo que no caso de $E > V_0$. Na região II, a solução torna-se uma soma de exponenciais reais, que é dominada pelo termo de decaimento exponencial. Portanto, a função de onda está a "morrer" na região II. Isto significa que na região III, embora a função de onda apareça novamente sinusoidal, a amplitude nesta região é menor do que na região I (Figura 15).

Note-se também que esta solução para a função de onda não é fisicamente real, uma vez que não está normalizada. Isto quer dizer que não podemos integrar a densidade de probabilidade em todo o espaço e obter um valor que não seja infinito. (Imaginem tentar integrar uma função $sin2(x)$ sobre todo o espaço. A área sob a curva é infinita). Para tornar isto fisicamente real, teríamos de utilizar muitas soluções diferentes para este problema (ou seja, muitos valores de energia), de modo a podermos somar essas soluções diferentes num "pacote" de ondas, que pode ser normalizado. A razão pela qual utilizamos esta situação não-física é porque é mais simples e continua a dar uma grande intuição física sobre a natureza do tunelamento.

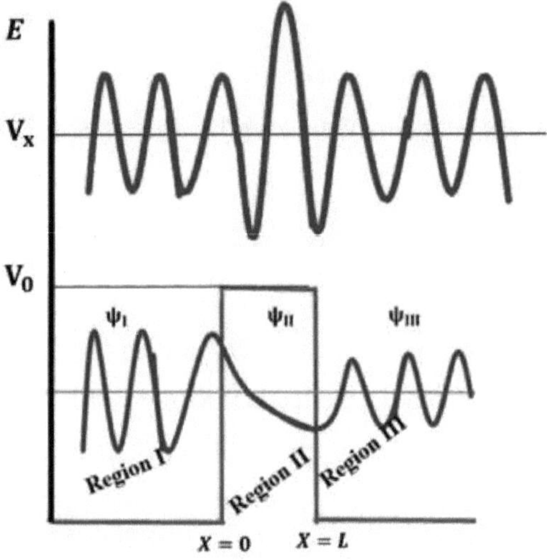

Figura 15: Soluções de função de onda através da barreira de potencial

Princípio da incerteza e tunelização quântica

A aplicação da equação de Schrödinger não só permite uma descrição qualitativa do tunelamento quântico como também explica o dualismo onda-partícula. Este dualismo, que é o postulado central da mecânica quântica, pode também estar relacionado com o Princípio da Incerteza de Heisenberg. A relação entre o Princípio da Incerteza e o dualismo onda-partícula surge pelo facto de este princípio se aplicar a todos os sistemas ondulatórios, incluindo as ondas de matéria. Consideremos o exemplo da incerteza energia-tempo dada pela equação,

$$\Delta E \Delta t \approx \frac{\hbar}{2} \approx \frac{h}{4\pi} \ldots . (108)$$

Aqui ΔE como a incerteza na energia e Δt como a incerteza no tempo. Uma vez que o lado direito da equação (n) é uma constante, quanto mais curto for o tempo Δt é, mais a energia de uma partícula se torna incerta

78

(ΔE) e vice-versa. Com base nesta relação, o fenómeno de tunelamento pode ser explicado da seguinte forma:

Se o tempo Δt for suficientemente curto, a energia de uma partícula $E +$ ΔE pode exceder a altura da barreira de potencial e, assim, a partícula pode ultrapassá-la. Por outras palavras, o tunelamento quântico ocorre se uma partícula for capaz de ultrapassar uma barreira de potencial dentro do tempo Δt.

No que diz respeito ao modelo de uma barreira potencial retangular de altura V e largura L este tempo pode ser estimado através da seguinte relação,

$$\Delta t = \frac{L}{\sqrt{\left(\frac{2}{m}\right)(E + \Delta E - V_0)}} \dots (109)$$

Outro ponto de vista possível sobre o tunelamento quântico é a incerteza de posição/momento:

$$\Delta x \Delta p \approx \frac{\hbar}{2} \approx \frac{h}{4\pi} \dots (110)$$

Este princípio estabelece que quanto mais exato for o conhecimento do momento de uma partícula, mais incerta se torna a sua posição e vice-versa. Como consequência, o tunelamento ocorre se a incerteza do momento Δp e, portanto, a incerteza na energia cinética de uma partícula for tão grande que possa ultrapassar a barreira de energia.

Algumas aplicações da tunelização mecânica quântica

Microscópio de Varrimento de Sintonização

Uma das aplicações mais tecnológicas do tunelamento quântico é a Microscopia de Tunelamento de Varrimento (STM). O microscópio de tunelamento de varrimento foi inventado em 1981 por Gerd Binnig e Heinrich Rohrer. Receberam o Prémio Nobel juntamente com Ernst Ruska, inventor do microscópio eletrónico de transmissão. Trata-se de um tipo de microscópio que nos permite ver objectos ao nível atómico, de modo a que os átomos individuais possam ser visualizados e manipulados de forma consistente. Funciona utilizando a ligação entre o tunelamento quântico e a distância. **Um pequeno espaço de ar entre a sonda e a amostra actua como uma barreira potencial. Os electrões podem** atravessar a barreira para criar uma corrente na sonda. Uma pequena diferença na largura das barreiras pode influenciar ainda mais fortemente o coeficiente de tunelamento. A STM analisa a superfície utilizando uma ponta condutora afiada que pode diferenciar caraterísticas inferiores a 0,1 nm com uma resolução de profundidade de 0,01 nm.

Numa análise STM típica, uma ponta metálica afiada é colocada a uma distância de cerca de um nanómetro ou menos acima de uma superfície de amostra condutora de eletricidade e é aplicada uma tensão entre a ponta e a superfície (**Figura** 16). A ponta é movida acima da superfície por um atuador piezoelétrico num padrão de varrimento rasterizado, a fim de mapear pequenas variações da corrente eléctrica resultante. Estas variações são causadas pela densidade local dos estados electrónicos na superfície do substrato e/ou pela topografia da superfície. A resolução atómica de superfícies cristalinas é facilmente possível devido à extrema sensibilidade da corrente medida à distância ponta-amostra. Esta sensibilidade é tão elevada que provoca uma diferença detetável na corrente quando se move a ponta de uma posição acima do vale entre átomos adjacentes para uma posição exatamente acima de um átomo. A Figura 17 mostra a natureza da função de onda dos electrões nos átomos (b) e a região vazia do vale entre átomos adjacentes (a).

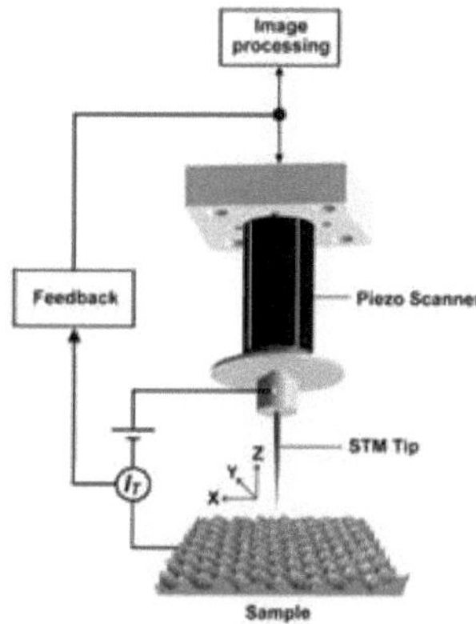

Figura 16: Princípio de funcionamento do STM.

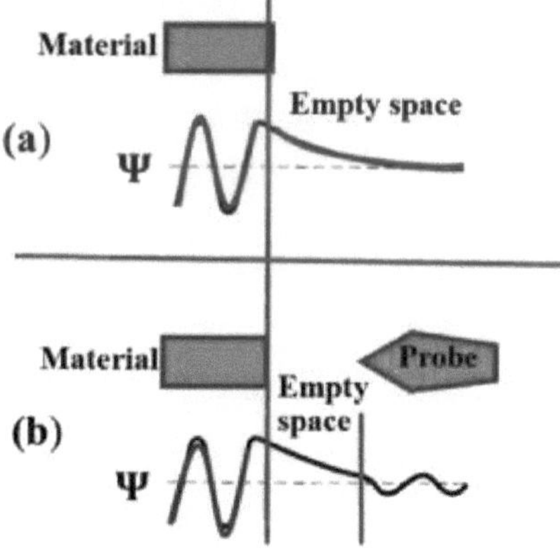

Figura 17: A natureza da função de onda dos electrões nos átomos (b)
e a região vazia do vale entre átomos adjacentes (a).

Aplicações específicas da Tunelização Mecânica Quântica em Química

O curso de qualquer reação química pode ser explicado utilizando as suas **Superfícies de Energia Potencial (PES)**. A PES dá a descrição completa de uma reação química ou das estruturas moleculares de moléculas estáveis. Os **mínimos** na PES correspondem a **geometrias**

optimizadas. A estrutura de transição entre os reagentes e os produtos de uma reação é designada por **ponto de sela** na PES. A via de menor energia que liga os dois mínimos é designada por coordenada de reação ou coordenada intrínseca de reação **(IRC)**. A **coordenada de reação** é o caminho percorrido por uma molécula ao passar de um mínimo para outro mínimo através do estado de transição no PES com energia de ativação suficiente para ultrapassar a barreira da energia de ativação. Apenas as moléculas com energia suficiente para atravessar a barreira de ativação seguirão a IRC.

No entanto, em algumas reacções, os reagentes transformam-se em produtos através de **um tunelamento** direto **através da** barreira de ativação, em vez de ultrapassarem o ponto de sela ou o estado de transição. Este tipo de efeito de tunelamento puramente mecânico quântico torna-se mais proeminente em reacções a baixas temperaturas e pode conduzir a produtos interessantes e mesmo completamente inesperados.

Aplicações da Tunelização Quântica na Fusão Nuclear

O tunelamento quântico é uma parte crucial da fusão nuclear. A temperatura média do núcleo de uma estrela não é normalmente suficiente para que os núcleos atómicos ultrapassem a barreira de Coulomb e dêem início à fusão termonuclear. O tunelamento aumenta as hipóteses de se infiltrarem nesta barreira. Embora a probabilidade seja ainda baixa, o enorme número de núcleos no núcleo estelar é suficiente para conduzir uma reação de fusão estável.

Aplicações da Tunelização Quântica em Eletrónica

A formação de túneis é uma fonte frequente de fugas de corrente na eletrónica de integração em muito grande escala (VLSI). A eletrónica VLSI sofre perdas substanciais de energia e efeitos de aquecimento que paralisam esses dispositivos. É geralmente considerado o limite inferior para a criação de elementos de dispositivos microelectrónicos. A tunelização é também uma técnica de base utilizada para definir as portas flutuantes na memória flash. A emissão a frio, a junção em túnel, os autómatos celulares de pontos quânticos, o díodo de túnel e os transístores de efeito de campo em túnel são alguns dos principais processos ou dispositivos electrónicos que utilizam o tunelamento quântico.

Aplicações da Tunelização Quântica na Biologia Quântica

O tunelamento quântico é um dos fenómenos quânticos fundamentais da biologia quântica. É essencial tanto para o tunelamento de protões como para o tunelamento de electrões. O tunelamento de electrões é um fator crítico em numerosas reacções bioquímicas redox (respiração celular, fotossíntese) e na catálise enzimática. O tunelamento de protões tem também um papel fundamental na mutação espontânea do ADN.

QUESTÕES E PROBLEMAS

Questões objectivas/de escolha múltipla

1. O fenómeno da mecânica quântica em que a função de onda pode ser diferente de zero numa região classicamente proibida é ....

(a) Refração

(b) Reflexão

(c) Transmissão

(d) Abertura de túneis

Resposta: (d) Túneis

2. Ao atravessar uma barreira de energia V > E (energia da partícula), qual é a solução da função de onda desta partícula?

(a) $\Psi = Ae^{ikx} + Be^{-ikx}$; $k = \sqrt{\dfrac{2m(V-E)}{\hbar^2}}$

(b) $\Psi = Ae^{kx} + Be^{-kx}$; $k = \sqrt{\dfrac{2mV}{\hbar^2}}$

(c) $\Psi = Ae^{kx} + Be^{-kx}$; $k = \sqrt{\dfrac{2m(V+E)}{\hbar^2}}$

(d) $\Psi = ASin\ kx + BCos\ kx$; $k = \sqrt{\dfrac{2m(V-E)}{\hbar^2}}$

Resposta: (a) $\Psi = Ae^{kx} + Be^{-kx}$; $k = \sqrt{\dfrac{2m(V-E)}{\hbar^2}}$

3. O tunelamento mecânico quântico é observado nomeadamente no caso do ....

(a) Raios X

(b) Partículas alfa

(c) Partículas beta

(d) Partículas gama

Resposta: (b) Partículas alfa. O efeito de túnel ocorre efetivamente, nomeadamente no caso das partículas alfa emitidas por certos núcleos radioactivos. A sua energia é de alguns MeV

4. A solução da equação de onda de Schrodinger para o efeito de túnel é da forma ....

(a) $\Psi = Ae^{ikx} + Be^{-ikx}$

(b) $\Psi = Ae^{ikx} - Be^{-ikx}$

(c) $\Psi = Ae^{ikx} + Be^{ikx}$

(d) $\Psi = Ae^{ikx} + Be^{ikx}$

Resposta: (a) $\Psi = Ae^{ikx} + Be^{-ikx}$

5. O tunelamento mecânico quântico pode ser explicado com base em ....

(a) Equação de Schrodinger

(b) Partícula numa caixa

(c) Princípio da incerteza de Heisenberg

(d) Comprimento de onda de De-Broglie

Resposta: (c) Princípio da incerteza de Heisenberg. O efeito túnel pode ser entendido em termos do princípio da incerteza. Usando-o, podemos dizer que a partícula deve ser capaz de entrar na barreira e, uma vez dentro dela, tem a possibilidade de continuar.

6. A partícula com uma função de onda $\Psi = Ae^{ikx} + Be^{-ikx}$ representa....

(a) Partícula oscilante

(b) Partícula provável

(c) Partícula em movimento

(d) Não existe tal partícula

Resposta: (b) Partícula provável

Perguntas de resposta curta.

(1) O que é o tunelamento mecânico quântico?

(2) Discuta as origens físicas do tunelamento mecânico quântico.

Perguntas de resposta longa

(1) Discuta algumas aplicações do tunelamento mecânico quântico.

Problemas

(1) Ilustrar com um exemplo adequado o fenómeno de tunelamento mecânico quântico.

CAPÍTULO 5

Modelo de oscilador harmónico

Num oscilador harmónico simples (SHO), as oscilações ocorrem num espaço unidimensional. Por isso, é designado por oscilador harmónico linear ou oscilador harmónico unidimensional. O oscilador harmónico é um modelo que tem várias aplicações importantes tanto na mecânica clássica como na mecânica quântica.

É um modelo útil para tratar os modos vibracionais das excitações, que são uma caraterística comum em muitos sistemas quânticos, bem como clássicos. Invariavelmente, estes modos vibracionais são o resultado da deslocação do sistema do equilíbrio, sendo este desvio de pequena magnitude. Nos sistemas quânticos, estas excitações vibracionais estão presentes em moléculas, núcleos, sólidos e aglomerados moleculares. Normalmente, estas excitações vibracionais têm como caraterística comum o facto de o espetro de energia ter uma assinatura única em que o espaçamento entre os níveis é constante e pode ser representado por $\hbar/\omega$.

O modelo do oscilador harmónico serve também de protótipo no tratamento matemático de fenómenos tão diversos como a elasticidade, a acústica, os circuitos de corrente alternada, as vibrações moleculares, os campos electromagnéticos e as propriedades ópticas da matéria.

Oscilador harmónico clássico

Uma representação simples do oscilador harmónico na mecânica clássica é uma partícula sujeita a uma força restauradora que é proporcional ao deslocamento da partícula em relação à sua posição de equilíbrio. Essa força pode ter origem numa mola que obedece à lei de Hooke, como mostra a Figura 18. De acordo com a lei de Hooke, que se aplica a molas reais. Para deslocamentos suficientemente pequenos, a força restauradora é proporcional ao deslocamento - alongamento ou compressão - a partir da posição de equilíbrio.

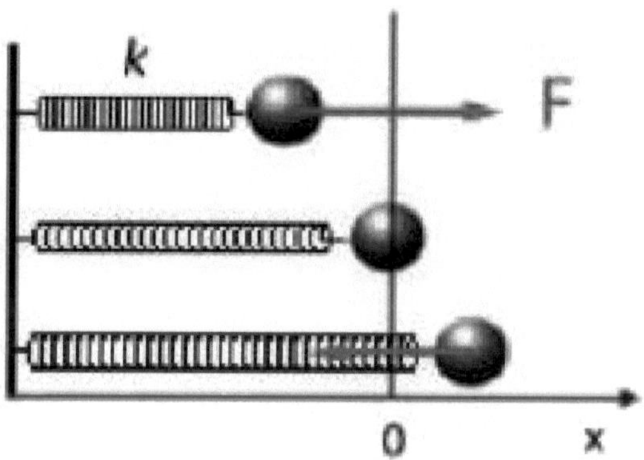

Figura 18: Mola a obedecer à lei de Hooke.

Assim, a força de restauração F, de acordo com a mecânica clássica (segunda lei de Newton), é

$$F = ma = m\,\frac{d^2x}{dt^2} \dots (111)$$

onde m é a massa do corpo ligado à mola, que se assume sem massa.

A deslocação numa dimensão (x direção) é dado por

$$x = sin\left(\sqrt{k/m}\ t\right) \dots (112)$$

Por conseguinte

$$F = m\frac{d^2}{dt^2}sin\left(\sqrt{k/m}\ t\right)$$

$$= -m\left(\sqrt{k/m}\right)^2 sin\left(\sqrt{k/m}\ t\right)$$

$$= -ksin\left(\sqrt{k/m}\ t\right) = -kx$$

$$ie\ F = -kx \ \dots. (113)$$

A *constante de força k* é uma medida da rigidez da mola. A variável x é escolhida como sendo igual a zero na posição de equilíbrio, positiva para alongamento, negativa para compressão. O sinal negativo nesta equação reflecte o facto de se tratar de uma força *restauradora*, F, sempre no sentido oposto ao do deslocamento, x.

A quantidade $\sqrt{k/m}$ desempenha o papel de uma frequência angular, ou seja $\omega = 2\pi v = \sqrt{k/m}$ radianos por segundo. Quanto maior for a constante de força, maior será a frequência de oscilação; quanto maior for a massa, menor será a frequência de oscilação. A *frequência circular (ou angular)* correspondente em Hertz (ciclos por segundo) é

$$v = \frac{\omega}{2\pi} = \frac{1}{2\pi}\sqrt{k/m}\ Hz \ \dots (114)$$

A relação geral entre força e energia potencial num sistema conservativo a uma dimensão é

$$F = -\frac{dV}{dx} \ \dots. (115)$$

Assim, a energia potencial de um oscilador harmónico é dada por

$$V_{(x)} = \frac{1}{2}\ kx^2 \ \dots (116)$$

que tem a forma de uma parábola, como mostra a Figura 19.

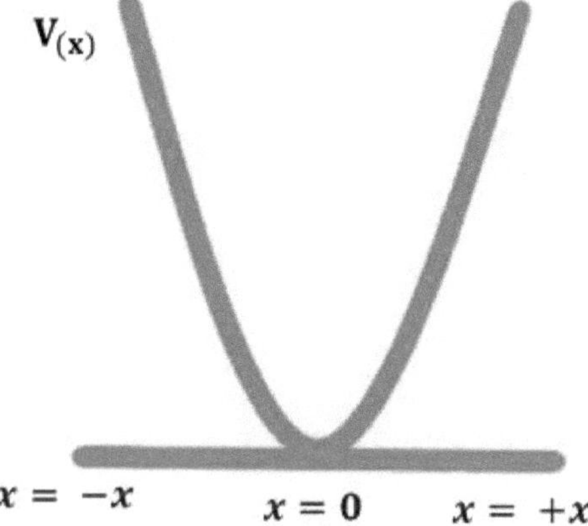

Figura 19: Natureza parabólica da energia potencial de um oscilador harmónico clássico.

Um cálculo simples mostra que o oscilador se move entre pontos de viragem positivos e negativos, $\pm x_{max}$ onde a energia total, E, é igual à energia potencial $\frac{1}{2} k x_{max}^2$ enquanto a energia cinética é momentaneamente nula. Em contraste, quando o oscilador se move para além de, $x = 0$ a energia cinética atinge o seu valor máximo enquanto a energia potencial é igual a zero.

Oscilador harmónico unidimensional mecânico quântico

De acordo com a mecânica clássica, a energia cinética (KE) de um oscilador harmónico unidimensional é $\frac{1}{2} m v^2$ e a sua energia potencial (PE) é $V_{(x)} = \frac{1}{2} k x^2$. Por conseguinte, a expressão mecânica clássica para a energia total do oscilador é dada por

$$E = \frac{P_x^{\,2}}{2m} + \frac{kx^2}{2} \quad \dots\dots (117)$$

O operador hamiltoniano correspondente é

$$\hat{H} = -\frac{\hbar^2}{2m}\frac{\partial^2}{\partial x^2} + \frac{kx^2}{2} \ldots \ldots (118)$$

Aqui o Hamiltoniano, $\hat{H}$ é independente do tempo. Portanto, podemos resolver a equação de Schrodinger independente do tempo para encontrar os estados estacionários e os níveis de energia correspondentes. A equação dos valores próprios é

$$\left(-\frac{\hbar^2}{2m}\frac{\partial^2}{\partial x^2} + \frac{kx^2}{2}\right)\Psi_x = E\Psi_x \ldots \ldots (119)$$

Um exame atento da equação acima revela que a equação de Schrödinger acima é semelhante à de uma partícula numa caixa unidimensional com um termo adicional $\frac{kx^2}{2}$. Este facto torna a solução muito complexa.

Reorganizando, obtemos

$$\frac{\hbar^2}{2m}\frac{\partial^2\Psi_x}{\partial x^2} = \left(\frac{kx^2}{2} - E\right)\Psi_x \ldots \ldots (120)$$

Nós sabemos $2\pi v = \sqrt{k/m}$

$$(2\pi v)^2 = \frac{k}{m}$$

$$k = m(2\pi v)^2$$

Assim, a equação passa a ser

$$\frac{\hbar^2}{2m}\frac{\partial^2\Psi_x}{\partial x^2} = \left(\frac{m(2\pi v)^2 x^2}{2} - E\right)\Psi_x \ldots \ldots (121)$$

Multiplicar por $\frac{2m}{\hbar^2}$

$$or \quad \frac{\partial^2\Psi_x}{\partial x^2} = \left(\frac{(2\pi m v)^2 x^2}{\hbar^2} - \frac{2mE}{\hbar^2}\right)\Psi_x \ldots \ldots (122)$$

Seja $\frac{2\pi m v}{\hbar} = \alpha$

$$\frac{\partial^2\Psi_x}{\partial x^2} + \left(\frac{2mE}{\hbar^2} - \alpha^2 x^2\right)\Psi_x = 0 \ldots \ldots (123)$$

Esta é uma equação diferencial homogénea de 2ª ordem com $P(x) = 0$ e

$Q(x) = (\frac{2mE}{\hbar^2} - \alpha^2 x^2)$

Como não temos coeficientes constantes, temos de utilizar o método das séries de potências para encontrar a solução.

Deixar $\Psi_n(x) = e^{\frac{-\alpha x^2}{2}} f_n(x)$ …….. (124)

em que $f_n(x)$ é uma função polinomial adequada de grau "n

$(n = 0, 1, 2, 3, \ldots)$.

Isto resulta em funções de onda semelhantes a ondas estacionárias na região classicamente permitida e que se juntam suavemente à forma exponencial decrescente na região classicamente proibida.

quando $n = 1$; *the wave function is*

$$\Psi(x) = e^{\frac{-\alpha x^2}{2}} f(x) …….. (125)$$

Então $\frac{\partial \Psi_x}{\partial x}$ e $\frac{\partial^2 \Psi_x}{\partial x^2}$ podem ser escritos da seguinte forma

$$\frac{\partial \Psi_x}{\partial x} = e^{\frac{-\alpha x^2}{2}} * \frac{\partial f(x)}{\partial x} + f(x) * e^{\frac{-\alpha x^2}{2}} * -\frac{\alpha}{2} * 2x$$

$$\frac{\partial \Psi_x}{\partial x} = e^{\frac{-\alpha x^2}{2}} \frac{\partial f(x)}{\partial x} - e^{\frac{-\alpha x^2}{2}} \alpha x f(x) \ldots (126)$$

$$\frac{\partial \Psi_x}{\partial x} = e^{\frac{-\alpha x^2}{2}} \left(\frac{\partial f(x)}{\partial x} - \alpha x f(x) \right) \ldots (127)$$

$$\frac{\partial^2 \Psi_x}{\partial x^2} = e^{\frac{-\alpha x^2}{2}} \left(\frac{\partial^2 f(x)}{\partial x^2} - \alpha x \frac{\partial f(x)}{\partial x} - f(x)\alpha \right)$$

$$+ \left(\frac{\partial f(x)}{\partial x} - \alpha x f(x) \right) - e^{\frac{-\alpha x^2}{2}} \alpha x$$

$$\frac{\partial^2 \Psi_x}{\partial x^2} = e^{\frac{-\alpha x^2}{2}} \left(\frac{\partial^2 f(x)}{\partial x^2} - 2\alpha x \frac{\partial f(x)}{\partial x} - \alpha f(x) + x^2 f(x) \right) \ldots (128)$$

Então $\frac{\partial^2 \Psi_x}{\partial x^2} + \left(\frac{2mE}{\hbar^2} - \alpha^2 x^2 \right) \Psi_x = 0$ dá

$$e^{\frac{-\alpha x^2}{2}}\left(\frac{\partial^2 f(x)}{\partial x^2} - 2\alpha x \frac{\partial f(x)}{\partial x} - \alpha f(x) + \alpha^2 x^2 f(x)\right)$$

$$+\left(\frac{2mE}{\hbar^2} - \alpha^2 x^2\right) e^{\frac{-\alpha x^2}{2}} f(x) = 0 \; ... (129)$$

$$\left(\frac{\partial^2 f(x)}{\partial x^2} - 2\alpha x \frac{\partial f(x)}{\partial x}\right) + \left(\frac{2mE}{\hbar^2} - \alpha\right) f(x) = 0 \; ... (130)$$

Esta equação é conhecida em matemática como **equação diferencial de Hermite**. A solução para equações deste tipo é obtida assumindo que a função $f(x)$ pode ser expandida como uma série de potências. As soluções da **equação diferencial de Hermite** são chamadas **polinómios de Hermite**.

Assumir que $f(x)$ pode ser expandido numa série de Taylor em torno de $x = 0$:

$$f(x) = \sum_{n=0}^{\infty} c_n x^n \; ... (131)$$

$$f(x) = c_0 1 + c_1 x + c_2 x^2 + c_3 x^3 + \; ..... (132)$$

Resolver uma relação de recursão para o c_n de

$$\frac{\partial^2 f(x)}{\partial x^2} - 2\alpha x \frac{\partial f(x)}{\partial x} + \left(\frac{2mE}{\hbar^2} - \alpha\right) f(x) = 0$$

Primeiro escrevemos $\frac{\partial f(x)}{\partial x}$ and $\frac{\partial^2 f(x)}{\partial x^2}$ em termos de séries de potências.

$$\frac{\partial f(x)}{\partial x} = c_1 + c_2 2x + c_3 3x^2 + \; ... = \sum_{n=1}^{\infty} c_n n x^{n-1} \; ..... (133)$$

$$\frac{\partial^2 f(x)}{\partial x^2} = c_2 2 + c_3 6x + \; ... = \sum_{n=2}^{\infty} c_n n(n-1) x^{n-2} \; ..... (134)$$

Converter a soma de 0 to ∞:

Let $n = k + 2$, então $n = 2.$ $k = 0$ e

$$\frac{\partial^2 f(x)}{\partial x^2} = \sum_{k=0}^{\infty} c_{k+2} (k+1)(k+2) x^k \; ..... (135)$$

Uma vez que n & k são índices fictícios,

$$\frac{\partial^2 f(x)}{\partial x^2} = \sum_{n=0}^{\infty} c_{n+2}\,(n+1)(n+2)x^n \ldots (136)$$

Substituindo estes valores na equação $\left(\frac{\partial^2 f(x)}{\partial x^2} - 2\alpha x \frac{\partial f(x)}{\partial x}\right) +$ $\left(\frac{2mE}{\hbar^2} - \alpha\right) f(x) = 0$ e juntando os termos em x^n

$$\sum_{n=0}^{\infty} c_{n+2}\,(n+1)(n+2)x^n - 2\alpha x \sum_{n=1}^{\infty} c_n n x^{n-1}$$

$$+ \left(\frac{2mE}{\hbar^2} - \alpha\right) \sum_{n=0}^{\infty} c_n x^n = 0 .. \ (137)$$

$$\sum \left\{ c_{n+2}\,(n+1)(n+2) - 2\alpha c_n\,n + \left(\frac{2mE}{\hbar^2} - \alpha\right) c_n \right\} x^n$$

$$= 0 .. \ (138)$$

Definição da relação de recursão

Agora, igualando os coeficientes do termo geral x^n a zero, obtemos

$$\left\{ c_{n+2}\,(n+1)(n+2) - 2\alpha c_n\,n + \left(\frac{2mE}{\hbar^2} - \alpha\right) c_n \right\} = 0$$

$$c_{n+2} = \left\{ \frac{\left[\alpha + 2\alpha n - \frac{2mE}{\hbar^2}\right]}{(n+1)(n+2)} \right\} c_n \ldots (139)$$

Esta é a **relação de recursão ou recorrência** entre os coeficientes dos c_n's.

Definir c_0 & c_1e, em seguida, calcula todos os outros c_n's

Se $c_0 = 0$ & $c_1 = 1$, tem uma série de potências em potências ímpares de x

Se $c_0 = 1$ & $c_1 = 0$, tem uma série de potências em potências pares de x

A solução mais geral é uma combinação das séries

$$\sum_{n=1.3.5,\dots}^{\infty} c_n x^n \quad as \quad \sum_{n=0}^{\infty} c_{2n+1} x^{2n+1}$$

$$\sum_{n=2.4,6,\dots}^{\infty} c_n x^n \quad as \quad \sum_{n=0}^{\infty} c_{2n} x^{2n}$$

A série de potências (equação -

$f(x) = c_0 1 + c_1 x + c_2 x^2 + c_3 x^3 + \ \dots\dots)$ pode, portanto, ser escrita como

$$f(x) = \sum_{n=0}^{\infty} c_n x^n = \sum_{n=0}^{\infty} c_{2n+1} x^{2n+1} + \sum_{n=0}^{\infty} c_{2n} x^{2n} \dots (140)$$

Depois

$$\Psi(x) = A \, e^{\frac{-\alpha x^2}{2}} \sum_{n=0}^{\infty} c_{2n+1} x^{2n+1} + B \, e^{\frac{-\alpha x^2}{2}} \sum_{n=0}^{\infty} c_{2n} x^{2n} \dots (141)$$

Esta é a solução geral da equação diferencial de Hermite, em que A e B são duas constantes arbitrárias.

Mas há um problema (inconveniente). Se a série de potências for infinitamente longa (como $x \rightarrow \infty$), os termos de ordem superior de $'x'$ na função $f(x)$ dominam. Então a função de onda é inaceitável e torna-se infinita como $x \rightarrow \infty$. Esta dificuldade pode ser ultrapassada utilizando uma condição de truncagem, ou seja, a série termina após um número finito de termos.

Se pudéssemos truncar a série num valor finito de n, digamos v, então Ψ seria finita em ∞ e seria quadraticamente integrável. Uma vez que, tanto para pares como para ímpares n,

$$c_{n+2} = \left\{ \frac{\left[\alpha + 2\alpha n - \dfrac{2mE}{\hbar^2} \right]}{(n+1)(n+2)} \right\} c_n,$$

depois $c_{v+2}, \ c_{v+4}, \ etc. \ = 0 \ if \ \alpha + 2\alpha n - \dfrac{2mE}{\hbar^2} = o \ for \ v = n$

Esta condição de truncagem conduz a uma condição quântica sobre a energia:

$$E = \left(\frac{\hbar^2}{2m}\right)\alpha\,(1 + 2v),\ since\ \alpha = \frac{2\pi\upsilon m}{\hbar}$$

$$or\ E = \hbar\pi\upsilon\,(1 + 2v) = h\upsilon\left(\tfrac{1}{2} + v\right),$$

$$E = \left(v + \tfrac{1}{2}\right)h\upsilon,\ v = 0,\ 1,\ 2,\ \ldots\ldots.(142)$$

Assim, ao exigir que ψ seja finito à medida que $x \to \infty$, E torna-se quantizado. A relação de recursão geral pode ser escrita substituindo,

$$E = \left(\frac{\hbar^2}{2m}\right)\alpha\,(1 + 2v),\ em\ c_{n+2} = \left\{\frac{[\alpha + 2\alpha n - \frac{2mE}{\hbar^2}}{(n+1)(n+2)}\right\} c_n.\ \text{Assim, a série que}$$

é truncada pela quantização da energia depende do facto de v ser par ou ímpar.

Oscilador harmónico Funções de onda

As funções próprias completas do oscilador harmónico podem ser expressas em termos de **polinómios de Hermite** (pronuncia-se \her meet"), de grau $'n'$.

$$\Psi_n\,(x) = A_n H_n(x)e^{\frac{-\alpha x^2}{2}}\ \ldots.\ (143)$$

em que A_n é a constante de normalização da função n^{th} função própria e $H_n(x)$ são os polinómios de Hermite. O valor de A_n pode ser calculado utilizando a equação, $A_n = \dfrac{1}{\sqrt{2^n n!\sqrt{\pi}}}.$

O polinómio de Hermite de grau $'n'$ pode ser definido no diferencial de utilizando uma fórmula do tipo Rodrigues,

$$H_n(x) = (-1)^n\,e^{x^2}\,\frac{\partial^n\left(e^{-x^2}\right)}{\partial x^n}\ \ldots.\ (144)$$

Colocar $n = 0,\ 1,\ 2,\ 3,\ \ldots.$ na $H_n(x)$ obtemos os polinómios de Hermite de diferentes ordens.

$$\therefore H_0(x) = (-1)^0\,e^{x^2}\,\frac{\partial^0\left(e^{-x^2}\right)}{\partial x^0} = e^{x^2}.e^{-x^2} = 1\ \ldots.\ (145)$$

$$\therefore H_1(x) = (-1)^1 e^{x^2} \frac{\partial^1\left(e^{-x^2}\right)}{\partial x^1} = -1.e^{x^2}.-2x.e^{-x^2}$$

$$= 2x \dots (146)$$

$$\therefore H_2(x) = (-1)^2 e^{x^2} \frac{\partial^2\left(e^{-x^2}\right)}{\partial x^2} = e^{x^2}.\frac{\partial\left[-2x.e^{-x^2}\right]}{\partial x}$$

$$= e^{x^2}\left(-2x. - 2x.e^{-x^2} - 2e^{-x^2}\right) = (4x^2 - 2) \dots (147)$$

Da mesma *forma*

$$\therefore H_3(x) = 8x^3 - 12x$$

$$\therefore H_4(x) = 16x^4 - 48x^2 - 12x, \text{ } etc$$

Níveis de energia do oscilador harmónico

$$E = \left(v + \ ^1/_2\right)hv, \text{ } v = 0, 1, 2, \ \dots\dots (148)$$

Se $n = 0; E_0 = \frac{1}{2}hv$

Isto significa que o oscilador harmónico tem uma energia de ponto zero, que é igual a $\frac{1}{2}hv$.

Se $n = 1; E_1 = \frac{3}{2}hv$; Se $n = 2; E_2 = \frac{5}{2}hv$; Se $n = 3; E_3 = \frac{7}{2}hv$

Além disso, as diferenças, $E_1 - E_0 = E_2 - E_1 = E_3 - E_2 = hv$.

Por conseguinte, os níveis de energia estão igualmente espaçados com um valor igual a hv.

Interpretação de Ψ e Ψ^2

Um gráfico da função de onda $'\Psi'$ e a sua probabilidade $'\Psi^2'$ contra $'x'$ revela algumas caraterísticas interessantes do oscilador harmónico da mecânica quântica (Figura 20).

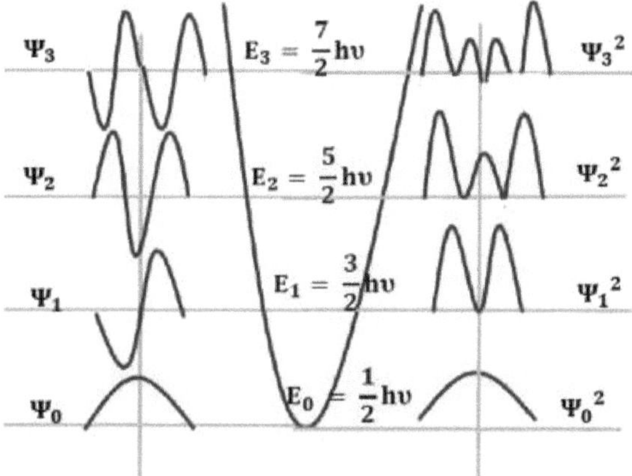

Figura 20: Oscilador harmónico unidimensional

(a) Função de onda (b) Níveis de energia e (c) Probabilidade

(b) As funções de onda são simétricas (pares) ou anti-simétricas (ímpares) em relação a x.

(c) As funções Ψ^2 nunca são negativas e, portanto, são necessariamente simétricas.

(d) No estado fundamental (v = 0) não há nós; e cada estado sucessivo tem um nó adicional.

(e) A presença de nós nos nós dos gráficos de probabilidade parece curiosa, ou seja, há uma probabilidade zero no meio e uma probabilidade finita em ambos os lados.

(f) O gráfico Ψ^2 revela o facto de que a partícula no estado fundamental tem uma probabilidade máxima de ser encontrada na posição central ($x = 0$) enquanto nos estados excitados a probabilidade aumenta em direção aos pontos de viragem clássicos.

Oscilador harmónico e princípio de correspondência de Bohr

Os cálculos de probabilidade do oscilador harmónico mostram que, no estado fundamental, a posição mais provável de um oscilador harmónico mecânico quântico é no ponto de equilíbrio. Mas para um oscilador harmónico clássico, a posição mais provável situa-se nos pontos de deslocamento máximo (viragem). Esta distinção desaparece à medida que o número quântico aumenta, ou seja, no estado excitado, o ponto de máxima probabilidade de um oscilador harmónico mecânico quântico desloca-se para os pontos de viragem clássicos. Assim, para valores elevados do número quântico, a densidade de probabilidade é uniforme, o que corresponde aos resultados clássicos. Isto é conhecido como o princípio da correspondência de Bohr no caso do oscilador harmónico.

Modelo de oscilador harmónico e vibrações moleculares

As energias e funções de onda do oscilador harmónico constituem o modelo mais simples e razoável para o movimento vibracional. As vibrações de uma molécula poliatómica são frequentemente caracterizadas em termos de movimentos individuais de alongamento de ligações e de flexão de ângulos, cada um dos quais é, por sua vez, aproximado harmonicamente. Isto resulta numa função de onda vibracional total que é escrita como um produto de funções, uma para cada uma das coordenadas vibracionais.

Duas das limitações mais graves do modelo do oscilador harmónico, a falta de anarmonicidade (ou seja, espaçamentos não uniformes dos níveis de energia) e a falta de dissociação de ligações, resultam da natureza quadrática do seu potencial. Ao introduzir potenciais de modelo que permitem a dissociação correta das ligações (ou seja, que não aumentam sem limites como $x \to \infty$)as principais deficiências da imagem do oscilador harmónico podem ser ultrapassadas. O chamado potencial de Morse (Figura 21) é dado por

$$V(r) = D_e\left(1 - e^{-a(r-r_e)}\right)^2 \dots (149)$$

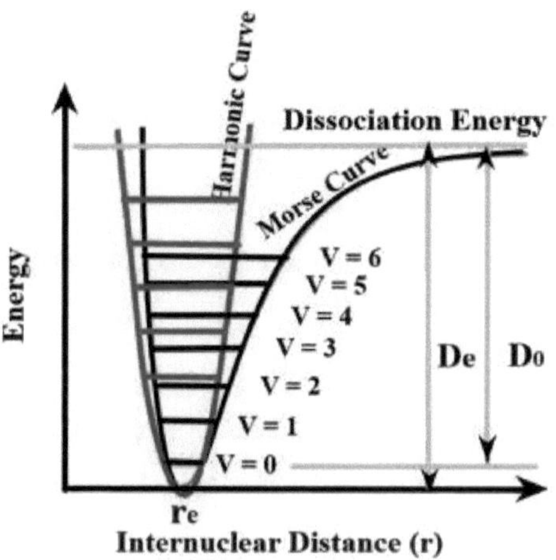

Figura 21: Curva Morse e curva harmónica.

Ao contrário dos níveis de energia do potencial oscilador harmónico, que estão uniformemente espaçados por $\hbar\omega$ espaçamento dos níveis do potencial Morse diminui à medida que a energia se aproxima da energia de dissociação. A energia de dissociação D_e é maior do que a energia real necessária para a dissociação D_0 devido à energia do ponto zero do nível vibracional mais baixo ($v = 0$) do nível vibracional mais baixo.

Aqui, D_e é a energia de dissociação da ligação, r_e é o comprimento da ligação de equilíbrio, e a é uma constante que caracteriza a "inclinação" do potencial e determina as frequências vibracionais. A vantagem de utilizar o potencial de Morse para melhorar as previsões ao nível do oscilador harmónico é que os seus níveis de energia e funções de onda também são conhecidos com exatidão.

O oscilador harmónico e os espectros de infravermelhos

A espetroscopia de infravermelhos (IV) é uma das técnicas espectroscópicas mais comuns e mais utilizadas, empregue principalmente por químicos inorgânicos e orgânicos, devido à sua utilidade na determinação das estruturas dos compostos e na sua identificação. Os compostos químicos têm propriedades químicas diferentes devido à presença de diferentes grupos funcionais. A espetroscopia de infravermelhos é uma das técnicas espectroscópicas mais comuns e mais utilizadas. Os grupos absorventes na região do infravermelho absorvem numa determinada região de comprimento de onda. Os picos de absorção nesta região são geralmente mais nítidos quando comparados com os picos de absorção nas regiões do ultravioleta e do visível. Deste modo, a espetroscopia de infravermelhos pode ser muito sensível à determinação de grupos funcionais numa amostra, uma vez que diferentes grupos funcionais absorvem diferentes frequências específicas de radiação de infravermelhos. Além disso, cada molécula tem um espetro caraterístico, frequentemente designado por impressão digital. Uma molécula pode ser identificada comparando o seu pico de absorção com um banco de dados de espectros. A espetroscopia de IV é muito útil na identificação e análise da estrutura de uma variedade de substâncias, incluindo compostos orgânicos e inorgânicos. Pode também ser utilizada para a análise qualitativa e quantitativa de misturas complexas de compostos semelhantes.

As transições entre níveis de energia vibracional podem ser induzidas pela absorção ou emissão de radiação. Para compreender este fenómeno, é necessário conhecer os estados próprios inicial e final. A energia do estado v^{th} de um oscilador harmónico pode ser escrita como

$$E_v = \left(v + \frac{1}{2}\right)\frac{h}{2\pi}\sqrt{\frac{k}{m}}$$

em que h é a constante de Planck e v é o número quântico vibracional e varia entre 0,1,2,3.....∞. A equação acima é frequentemente reescrita como $E_v = \left(v + \frac{1}{2}\right) h v_m$, em que v_m é a frequência vibracional da vibração.

As transições nos níveis de energia vibracional podem ser provocadas pela absorção de radiação, desde que a energia da radiação ($h v_{photon}$) corresponda **exatamente** à diferença de energia ($\Delta E_{vv'}$) entre o estado quântico vibracional e o estado quântico. Isto pode ser expresso como

$$h v_{photon} = \Delta E_{v,v'}$$
$$= E_{v'} - E_v$$
$$= \left(v' + \frac{1}{2}\right) h v_m - \left(v + \frac{1}{2}\right) h v_m \dots (150)$$
$$= (v' - v) h v_m \dots (151)$$

Consideremos apenas as transições entre estados próprios adjacentes, pelo que

$$= (v' - v) = \pm 1$$

que é positiva se um fotão IR for absorvido e negativa se for emitido. Para a absorção de um fotão IR, a Equação (151) simplifica-se para

$$h v_{photon} = h v_m = \frac{h}{2\pi} \sqrt{\frac{k}{\mu}}$$

A frequência da radiação v_{photon} que provocará esta mudança é **idêntica** à frequência vibracional clássica da ligação v e pode ser expressa em números de onda como

$$\bar{v}_m = \frac{h}{2\pi c} \sqrt{\frac{k}{\mu}}$$

em que c é a velocidade da luz (cms^{-1}) e $\bar{v}$ é o número de onda de um máximo de absorção (cm^{-1}).

QUESTÕES E PROBLEMAS

Perguntas objectivas ou de escolha múltipla

1. A função de onda no estado fundamental de um oscilador harmónico com uma constante de força k é dada por $\Psi_0 = e^{-Ax^2}$, A e k estão relacionados por

(a) $A \propto k^{1/2}$

(b) $A \propto k^{-1/2}$

(c) $A \propto k^2$

(d) $A \propto k^{-2}$

Resposta: (a) $A \propto k^{1/2}$

Perguntas de resposta curta.

(1) Indique o operador hamiltoniano de um oscilador harmónico.

Perguntas de resposta longa

(1) Discuta as funções próprias de energia do oscilador harmónico, apresentando equações e figuras.

Problemas

(1) Mostre que a energia mínima de um oscilador harmónico simples é $\frac{\hbar\omega}{2}$ se $\Delta x \Delta p_x = \frac{\hbar}{2}$ em que $(\Delta p_x)^2 = \langle p_x - \langle p_x^2 \rangle \rangle$

CAPÍTULO 6

Movimento de rotação e modelo de rotor rígido

Movimento de rotação

O movimento de rotação é um dos tipos de movimento mais importantes nos sistemas atómicos e moleculares. O movimento rotacional refere-se ao movimento de um objeto em torno de um eixo fixo. O movimento de um eletrão em torno do núcleo de um átomo é análogo ao movimento circular de uma partícula ao longo da circunferência de um círculo.

Descrição mecânica clássica do movimento de rotação

Movimento de um corpo rígido que se realiza de tal forma que todas as suas partículas se movem em círculos em torno de um eixo com uma velocidade angular comum. Vamos tentar compreender o movimento de rotação de um corpo rígido em torno de um ponto fixo no espaço. Um corpo rígido tem uma forma perfeitamente definida e imutável. As distâncias entre todos os pares de partículas de um tal corpo não se alteram com a aplicação de uma força externa. Nenhum corpo é perfeitamente rígido porque sofre deformações sob a influência de uma força. Em geral, um corpo rígido pode ter movimentos de translação e de rotação.

Seja P seja uma partícula do corpo rígido que se move com movimento circular uniforme ao longo da circunferência de um círculo no sentido anti-horário com centro O e raio r, como mostra a figura 22. Durante este movimento de rotação, cada ponto do corpo move-se numa circunferência cujo centro se situa num plano perpendicular ao eixo de rotação.

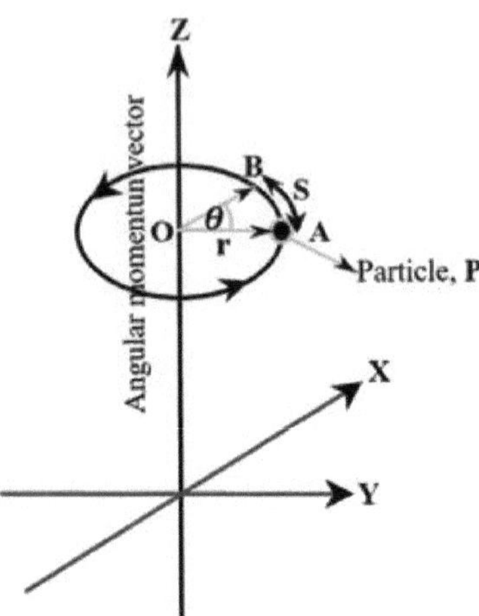

Figura 22: Rotação de um corpo rígido em torno de um eixo fixo.

Um vetor traçado do centro de uma circunferência para a posição de uma partícula na circunferência da circunferência é designado por "vetor raio r. O ângulo traçado por um vetor raio num determinado tempo, no centro da trajetória circular, é designado por **deslocamento angular.** Seja, A seja a posição inicial da partícula no instante $t = 0$ e B seja a posição final no tempo $t = t$ então o deslocamento angular, θ, no tempo t é dado por

$$\theta = \frac{length\ of\ the\ arc\ AB}{radius\ of\ the\ circle}$$

$$\therefore\ \theta = \frac{S}{r} \dots (152)$$

Onde S é o comprimento do arco AB e r é o raio da circunferência.

A direção do deslocamento angular pode ser determinada utilizando a regra do polegar da mão direita ou a regra do parafuso da mão direita.

Vamos agora descobrir a velocidade angular ω que é a taxa a que a posição angular da partícula está a mudar. A velocidade angular é uma propriedade intrínseca de um objeto sólido em rotação e o seu valor permanece o mesmo para todos os pontos de um objeto em rotação. A velocidade angular ω de qualquer ponto de um objeto sólido em rotação em torno de um eixo fixo é a mesma. Uma partícula move-se com movimento circular uniforme se a sua velocidade angular for constante.

A velocidade angular média é definida como o deslocamento angular total dividido pelo tempo:

$$\omega = \frac{\Delta\theta}{\Delta t}$$

A velocidade angular instantânea:

$$\omega = \lim_{\Delta t \to 0} \frac{\Delta\theta}{\Delta t} = \frac{d\theta}{dt} \dots (153)$$

A unidade de velocidade angular é $\frac{rad}{s}$; $\frac{deg}{s}$; $\frac{rev}{s}$; $\frac{rev}{min}$ = rpm

De acordo com a mecânica clássica, a velocidade linear v é a taxa de variação do deslocamento em relação ao tempo. Então podemos escrever,

$$v = \frac{ds}{dt}$$

$$ds = vdt .. (154)$$

$$d\theta = \frac{vdt}{r} \dots (155)$$

$$or \; \frac{d\theta}{dt} = \frac{v}{r} \dots (156)$$

Assim, para uma dada velocidade angular, ω, a velocidade linear, v, de uma partícula é diretamente proporcional à distância da partícula ao centro da trajetória circular. Quanto maior for o ângulo de rotação num dado intervalo de tempo, maior será a velocidade angular. A velocidade angular ω é análoga à velocidade linear v. Assim, a magnitude da velocidade linear v de uma partícula que se move numa circunferência está relacionada com a velocidade angular da partícula ω pela relação simples $v = \omega r$ onde r é o raio da circunferência.

Diferença entre velocidade linear e angular

Velocidade linear	Velocidade angular
A velocidade linear é a taxa de variação do deslocamento linear	A velocidade angular é a taxa de variação do deslocamento angular
Num movimento circular, a velocidade linear de uma partícula é ao longo da circunferência do círculo e é diferente em diferentes pontos do círculo.	A velocidade angular situa-se ao longo do eixo da circunferência e mantém-se constante durante todo o movimento circular.
O símbolo da velocidade linear é v	O símbolo da velocidade angular é a letra grega ω
$$v = \frac{\Delta s}{\Delta t} = \frac{2\pi r}{t}$$	$$\omega = \frac{\Delta \theta}{\Delta t} = \frac{2\pi r}{t}$$
É uma grandeza vetorial com magnitude e direção	É um vetor axial e a direção do deslocamento da partícula é ao longo do eixo da circunferência.
A unidade é m/s	A unidade da velocidade angular é tanto em graus como em radianos.

Momento angular

O momento angular é uma propriedade fundamental dos sistemas rotativos. O vetor momento angular de um sistema rotativo clássico é perpendicular ao plano de rotação (Figura 22). A direção do vetor momento angular é dada pela aplicação da regra da mão direita à direção de rotação. A orientação de uma molécula diatómica em rotação clássica é, portanto, definida pelo plano em que se encontra o eixo internuclear durante a rotação ou pela direção do vetor momento angular, que é perpendicular a este plano. A direção do vetor momento angular é designada por eixo de rotação. Os vectores do momento angular são úteis porque fornecem uma forma abreviada de representar o movimento clássico de uma molécula diatómica em rotação.

O momento angular de um corpo rígido que gira em torno de um eixo fixo.

Consideremos o momento angular para um sistema de partículas que forma um corpo rígido em rotação. O corpo é constrangido a rodar em torno de um eixo fixo (eixo z). O corpo gira com velocidade angular ω. Podemos encontrar o momento angular do corpo em rotação somando as componentes z dos momentos angulares dos elementos de massa do corpo.

Seja Δ_{m_i} seja o elemento de massa do corpo que se move em torno do eixo z numa trajetória circular. A posição do elemento de massa é localizada em relação à origem O pelo vetor de posição r_i. O raio da trajetória circular é $r_{\perp i}$; a distância perpendicular entre o elemento e o eixo z.

A magnitude do momento angular l_i deste elemento de massa, em relação a O, é dada por

$$l_i = (r_i)(p_i)(sin90^0) = (r_i)(\Delta m_i v_i)$$

Onde p_i e v_i são o momento linear e a velocidade linear do elemento de massa e 90 é o ângulo entre r_i e p_i.

Aqui estamos interessados na componente de l_i que é paralela ao eixo de rotação, neste caso o eixo z. A componente z do momento angular é dada por

$$l_{iz} = l_i \sin \theta = (r_i \sin \theta)(\Delta m_i v_i) = r_{\perp i}\Delta m_i v_i$$

A componente z do momento angular para um corpo rígido em rotação como um todo é encontrada somando as contribuições de todos os elementos de massa que compõem o corpo. Assim, porque $v = \omega r_\perp$ podemos escrever

$$L_z = \sum_{i=1}^{n} l_{iz} = \sum_{i=1}^{n} \Delta m_i v_i r_{\perp i} = \sum_{i=1}^{n} \Delta m_i (\omega r_{\perp i}) r_{\perp i} = \omega \left(\sum_{i=1}^{n} \Delta m_i r_{\perp i}^2 \right)..(157)$$

Como ω é uma constante e tem o mesmo valor para todos os pontos do corpo em rotação, é tomado no exterior.

A quantidade, $\sum_{i=1}^{n} \Delta m_i r_{\perp i}{}^2$, na expressão acima é a inércia rotacional I do corpo em torno do eixo fixo.

Assim $L = I\omega$ dá a componente do momento angular que é paralela ao eixo de rotação. Assim, analogamente ao momento linear (P), ao movimento de rotação está associado um momento angular, L. Classicamente o momento angular pode ser expresso através da seguinte relação,

$$L = I\omega = mvr \dots (158)$$

Aqui $I = mr^2$ é o momento de inércia, ω é a velocidade angular, v é a velocidade linear, m é a massa e r é a distância radial do movimento circular da partícula.

Partícula num anel

Considere-se uma partícula de massa m confinada a mover-se num anel de raio R (Figura 23). Este sistema é uma variante do problema da partícula numa caixa unidimensional em que o eixo x-é dobrado num anel de raio R.

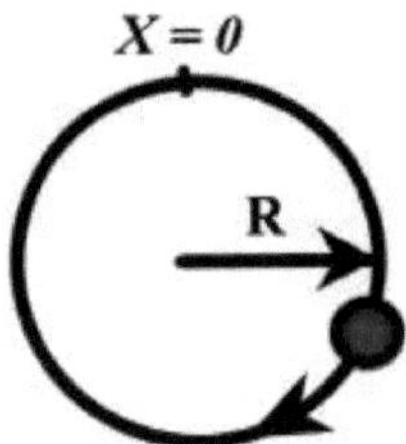

Figura 23: Partícula em movimento num anel

A energia cinética do movimento circular pode ser expressa como

$$KE = \frac{L_z{}^2}{2I} \dots (159)$$

em que $I = mR^2$ é o momento de inércia e L_z, a z-componente do momento angular. (Uma vez que $L = r \times P$, se r e P estão no plano xy, L aponta na direção z).

Uma variável independente mais apropriada para este problema é a posição angular no anel dada por, $\varphi = {}^x/_R$. Em termos de φ, o operador mecânico quântico correspondente ao $\hat{L}_z$ pode ser escrito como

$$\hat{L}_z = -i\hbar \frac{\partial}{\partial \varphi} \dots (160)$$

$$\therefore \hat{L}_z{}^2 = -\hbar^2 \frac{\partial^2}{\partial \varphi^2} \dots (161)$$

Se a energia potencial (V) da partícula é zero (ou seja, não é afetada por qualquer força externa), o Hamiltoniano torna-se

$$\hat{H} = -\frac{\hbar^2}{2I} \frac{\partial^2}{\partial \varphi^2} \dots . (162)$$

Então a equação de Schrodinger torna-se,

$$-\frac{\hbar^2}{2I} \frac{d^2 \Psi(\varphi)}{d\varphi^2} = E\Psi(\varphi) \dots . (163)$$

Repare que esta equação de Schrodinger tem exatamente a mesma forma que a da partícula numa caixa. A única diferença é a condição de fronteira. No caso da partícula numa caixa, havia uma descontinuidade na função de onda nas paredes da caixa porque nesses pontos havia uma descontinuidade na energia potencial. Mas neste caso não existe essa descontinuidade na energia potencial e, portanto, a função de onda é contínua.

Reorganizando a equação de Schrodinger (163), podemos escrever,

$$-\frac{d^2 \Psi(\varphi)}{d\varphi^2} = \frac{2I}{\hbar^2} E\Psi(\varphi) \dots . (164)$$

$$\frac{d^2 \Psi(\varphi)}{d\varphi^2} + \frac{2IE}{\hbar^2} \Psi(\varphi) = 0 \dots . (165)$$

$$or \quad \frac{d^2\Psi(\varphi)}{d\varphi^2} + m^2\Psi(\varphi) = 0 \dots (166)$$

onde $m^2 = \frac{2IE}{\hbar^2}$ $\dots(167)$

(Por favor, não confundir esta variável m com a massa da partícula!)

Esta é uma equação diferencial homogénea de segunda ordem com coeficientes constantes cuja solução é:

$$\Psi(\varphi) = const\ e^{\pm im\varphi} = c_1 e^{im\varphi} + c_2 e^{-im\varphi} \dots (168)$$

Como estamos interessados na solução real, basta escrever

$$\Psi(\varphi) = c_1 e^{im\varphi} \dots.(169)$$

A fórmula de Euler diz que:

$$\Psi(\varphi) = c_1 e^{im\varphi} = c_1 cos(m\varphi) + isin(m\varphi) \dots.(170)$$

Seja c_1 seja um número complexo, $(ie\ c_1 = \alpha + \beta i)$, então

$$\Psi(\varphi) = (\alpha + \beta i)e^{im\varphi} = (\alpha + \beta i)\cos(m\varphi) + (\alpha +$$

$$\beta i)i\sin(m\varphi) \dots (171)$$

Isto é igual a:

$$\Psi(\varphi) = \alpha\cos(m\varphi) + \beta i\cos(m\varphi) + \alpha\,i\sin(m\varphi)$$
$$- \beta\sin(m\varphi) \dots (172)$$

Ignorando as partes imaginárias, obtém-se a conhecida forma real da solução"

$$\Psi(\varphi) = \alpha\,\cos(m\varphi) - \beta\,\sin(m\varphi) \dots (173)$$

Para satisfazer a continuidade da função de onda, a função de onda deve satisfazer uma condição de fronteira cíclica. Uma vez que φ aumentado por qualquer múltiplo de 2π representa o mesmo ponto no anel, temos que

$$\Psi(\varphi + 2\pi) = \Psi(\varphi) \dots (174)$$

e, por conseguinte

$$e^{im(\varphi + 2\pi)} = e^{im\varphi} \dots (175)$$

Para tal, é necessário que

$$e^{2\pi i m} = 1 \,.... \,(176)$$

Esta afirmação é verdadeira se e só se m é um número inteiro:

$$m = 0, \ \pm 1, \ \pm 2, \ ...... (177)$$

Utilizando (167), obtêm-se os valores da energia quantizada,

$$E_m = \ \frac{\hbar^2}{2I} \ m^2 \,.... \,(178)$$

Em comparação com a partícula numa caixa, a partícula num anel difere em dois aspectos.

Em contraste com a partícula numa caixa, as funções próprias correspondentes a $+m$ e $-m$ são linearmente independentes, pelo que ambas devem ser aceites. Assim, todos os valores próprios, exceto E_0 são duplamente (ou duplamente) degenerados.

Ao contrário da partícula num sistema de caixa, a partícula num anel não tem energia de ponto zero. Para um estado com $m = 0 \ (for \ E = 0)$, a função de onda é uma constante. $\Psi_0 = Constat.$ Assim, não há variação na função de onda para uma partícula no estado mais baixo de uma partícula num anel. Isto não viola o princípio da incerteza porque a partícula pode ser encontrada em qualquer parte do anel com igual probabilidade e, portanto, a incerteza na posição é infinita.

Ao normalizar a equação (169), podemos encontrar a constante de normalização como $\frac{1}{\sqrt{2\pi}}$. As funções próprias normalizadas para uma partícula num anel são

$$\Psi_m(\varphi) = \ \frac{1}{\sqrt{2\pi}} \ e^{im\varphi} \,..... \,(179)$$

e pode ser verificado que satisfaz a condição de normalização que contém o conjugado complexo

$$\int_0^{2\pi} \Psi_m{}^*(\varphi)\Psi_m(\varphi)d\varphi = 1 \,.... \,(180)$$

Onde observámos que $\Psi_m{}^*(\varphi) = (2\pi)^{-1/2}$.

A ortogonalidade mútua das funções (179) também decorre facilmente, para

$$\int_0^{2\pi} \Psi_m{}^*(\varphi)\Psi_m(\varphi)d\varphi = \frac{1}{2\pi}\int_0^{2\pi} e^{i(m-m')\varphi}\, d\varphi$$

$$= \frac{1}{2\pi}\int_0^{2\pi} [cos(m-m')\varphi + isin(m-m')\varphi]\, d\varphi = 0\, for\, m'$$

$$\neq m \ldots (181)$$

As soluções (178) são também funções próprias do operador do momento angular (160), com

$$\hat{L}_z\Psi_m(\varphi) = m\hbar\Psi_m(\varphi),\ m = 0,\ \pm 1,\ \pm 2, \ldots (182)$$

Este é um exemplo de um resultado fundamental da mecânica quântica, segundo o qual qualquer componente medida do momento angular orbital se restringe a múltiplos integrais de $\hbar$.

Partícula num anel - Aplicação

Este modelo de rotor rígido plano (Partícula num anel) permite o movimento de rotação apenas num plano. O movimento de partículas deslocalizadas $\pi - electrons$em moléculas cíclicas conjugadas (e.g. benzeno) pode ser aproximado a partículas em anéis.

Rotor rígido não plano: Partícula numa esfera

Rotor rígido

As moléculas rodam e vibram. Para desenvolver uma descrição dos estados rotacionais, vamos considerar a molécula como um objeto rígido, ou seja, os comprimentos das ligações são fixos e a molécula não pode vibrar. Este modelo de rotação é designado por **modelo de rotor rígido**. Um rotor rígido significa que a distância entre as partículas não se altera à medida que estas rodam. Um rotor rígido é uma boa aproximação para a rotação de moléculas diatómicas e ignora a amplitude do movimento vibracional, que é muito pequena em comparação com o comprimento da ligação. O termo **rotor rígido** refere-se a um modelo mecânico que é utilizado para explicar sistemas em rotação.

O modelo de rotor rígido linear consiste em massas de dois pontos localizadas a distâncias fixas do seu centro de massa. A distância fixa entre as duas massas e os valores das massas são as únicas caraterísticas do modelo rígido. No entanto, para muitas diatomáceas reais, este modelo é demasiado restritivo, uma vez que as distâncias não são normalmente completamente fixas e podem ser feitas correcções no modelo rígido para compensar pequenas variações na distância. Mesmo neste caso, o modelo de rotor rígido é um sistema de modelo útil para dominar.

Uma molécula diatómica que gira em torno de um eixo perpendicular ao eixo internuclear e que passa pelo centro de gravidade da molécula pode ser considerada como um modelo de rotador rígido linear (Figura 24). Neste caso, assume-se que a distância inter-nuclear não se altera durante a rotação. Este modelo de rotador rígido em mecânica quântica é utilizado para prever a energia rotacional associada a uma molécula diatómica.

Considere-se um rotor rígido clássico correspondente a uma molécula diatómica. Aqui consideramos apenas a rotação restrita a um plano 2-D onde as duas massas (ou seja, os núcleos) rodam em torno do seu centro de massa.

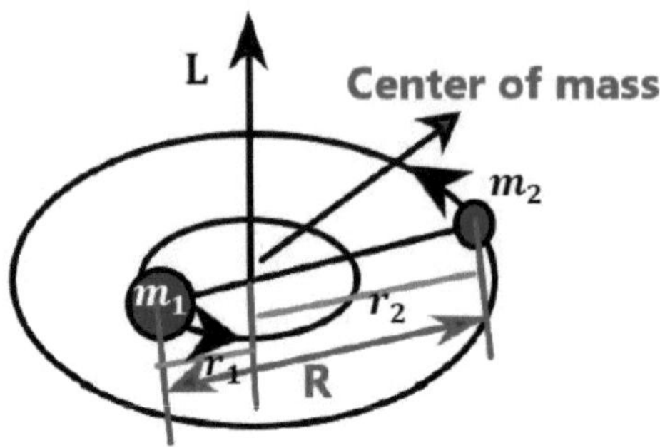

Figura 24: Rotador rígido (dois átomos com massa m_1 e m_2 separados por uma distância fixa R e estão à distância r_1 e r_2 do centro de massa.

A energia cinética clássica é dada por

$$T = \frac{P^2}{2m} = \frac{1}{2}\,mv^2 \ldots (183)$$

Se a partícula estiver a rodar em torno de um ponto fixo de raio r com uma frequência v (s^{-1} or Hz), a velocidade da partícula é dada por

$$v = 2\pi r v = r\omega \ldots (184)$$

Onde ω é a frequência angular ($rad\ s^{-1}$ or $rad\ Hz$). A energia cinética rotacional pode agora ser expressa como

$$T = \frac{1}{2}mv^2 = \frac{1}{2}mr^2\omega^2 = \frac{1}{2}I\omega^2 \ldots. (185)$$

Com $I = mr^2$ ($the\ moment\ of\ inertia$)

Como I parece desempenhar o papel de massa e ω o papel da velocidade linear, o momento angular pode ser definido como ($I = mr^r$, $\omega = {}^v/_r$):

$$L = \text{mass} \times \text{velocity} = I\omega = mvr = Pr \ldots (186)$$

Assim, a energia cinética rotacional pode ser expressa em termos de L e ω:

$$T = \frac{1}{2}I\omega^2 = \frac{L^2}{2I} \dots (187)$$

em que ω é a velocidade angular, I é o momento de inércia da molécula em rotação e Γ é o momento angular.

Primeiro, definimos a origem no centro de massa e especificamos as distâncias das massas 1 e 2 a partir dela. (R = distância entre os núcleos, que é constante; "coordenadas ponderadas pela massa"):

$$r_1 = \frac{m_1}{m_1 + m_2} R \ \text{e} \ r_2 = \frac{m_2}{m_1 + m_2} R \dots (188)$$

Note-se que ao adicionar $r_1 + r_2$ dá R como deveria. Além disso, o momento de inércia de cada núcleo é dado por $I_i = m_i r_i^2$. A energia cinética rotacional é agora uma soma para as massas 1 e 2 com as mesmas frequências angulares. ("ambas se movem simultaneamente em torno do centro de massa").

$$T = \frac{1}{2}I_1\omega^2 + \frac{1}{2}I_2\omega^2 = \frac{1}{2}(I_1 + I_2)\omega^2 = \frac{1}{2}I\omega^2 \dots (189)$$

com $I = I_1 + I_2 = m_1 r_1^2 + m_2 r_2^2 = \frac{m_1 m_2}{m_1 + m_2} = \mu R^2 \dots (190)$

A energia cinética rotacional de uma molécula diatómica também pode ser escrita em termos de momento angular, $L = L_1 + L_2$ (por vezes denotado por L_z onde z significa o eixo de rotação):

$$T = \frac{1}{2}I\omega^2 = \frac{L^2}{2I} = \frac{L^2}{2\mu R^2} \dots (191)$$

Note-se que não há energia potencial envolvida na rotação livre. Em três dimensões, temos de incluir a rotação sobre cada eixo $x, y \ and \ z$ na energia cinética (aqui vetor $r = (R, \theta, \varphi)$ com R fixado no "comprimento da ligação"):

$$T = T_x + T_y + T_z = \frac{L_x^2}{2\mu R^2} + \frac{L_y^2}{2\mu R^2} + \frac{L_z^2}{2\mu R^2} = \frac{\vec{L}^2}{2\mu R^2} \dots (192)$$

A transição da expressão clássica acima para a mecânica quântica pode ser efectuada substituindo o momento angular total pelo operador mecânico quântico correspondente.

O operador hamiltoniano de energia total ($\hat{H}$) é a soma do operador de energia cinética ($\hat{T}$) e do operador de energia potencial ($\hat{V}$).

$$\hat{H} = \hat{T} + \hat{V} \dots (193)$$

Se nenhuma força atuar sobre o rotador rígido (rotação livre), a energia potencial é definida como zero, $\hat{V} = 0$. Isto reduz o Hamiltoniano a

$$\hat{H} = \hat{T} + 0 = \frac{\vec{L}^2}{2I} \dots (194)$$

Então a equação de Schrodinger para o rotor rígido pode ser escrita como,

$$\frac{\hat{L}^2}{2I}\Psi = E\Psi \dots (195)$$

O valor de $\hat{L}^2$ em coordenadas polares esféricas é

$$\hat{L}^2 = -\hbar^2\left[\frac{1}{\sin\theta}\frac{\partial\left(\sin\theta\frac{\partial}{\partial\theta}\right)}{\partial\theta} + \frac{1}{sin^2\theta}\frac{\partial^2}{\partial\varphi^2}\right]. \ (196)$$

No caso do rotor rígido, o valor de r é uma constante e, portanto, as derivadas parciais em relação a r são zero. Assim, em coordenadas polares esféricas, o Hamiltoniano é uma função de apenas θ e φ.

Substituindo o valor de $\hat{L}^2$ em coordenadas polares esféricas na equação (196) obtém-se

$$\frac{1}{2I}\left\{-\hbar^2\left[\frac{1}{\sin\theta}\frac{\partial\left(\sin\theta\frac{\partial}{\partial\theta}\right)}{\partial\theta} + \frac{1}{sin^2\theta}\frac{\partial^2}{\partial\varphi^2}\right]\right\}\Psi = E\Psi \dots (197)$$

que, após rearranjo, dá

$$\frac{1}{\sin\theta}\frac{\partial\left(\sin\theta\frac{\partial\Psi}{\partial\theta}\right)}{\partial\theta}+\frac{1}{sin^2\theta}\frac{\partial^2\Psi}{\partial\varphi^2}=-\frac{2I}{\hbar^2}E\Psi$$

$$\frac{1}{\sin\theta}\frac{\partial\left(\sin\theta\frac{\partial\Psi}{\partial\theta}\right)}{\partial\theta}+\frac{1}{sin^2\theta}\frac{\partial^2\Psi}{\partial\varphi^2}+\frac{2I}{\hbar^2}E\Psi=0. \ (198)$$

A equação (198) contém duas variáveis θ e φ. Assim, utilizando o método de separação de variáveis, podemos separar as variáveis e formar equações de uma só variável que podem ser resolvidas independentemente. Começamos por escrever as funções de onda do rotor rígido como o produto de uma função teta que depende apenas de θ e uma função phi que depende apenas de φ.

$$\Psi(\theta,\varphi)=\Psi(\theta)\Psi(\varphi)\ .....(199)$$

Rearranjando a equação (198) em termos de θ e φ obtemos

$$\left[\sin\theta\frac{\partial}{\partial\theta}\left(\sin\theta\frac{\partial}{\partial\theta}\right)+\frac{8\pi^2IE}{h^2}sin^2\theta\right]\Psi(\theta,\varphi)=\frac{\partial^2\Psi(\theta,\varphi)}{\partial\varphi^2}. (200)$$

Seja $\frac{8\pi^2IE}{h^2}=\beta$, isto modifica a equação acima para

$$\left[\sin\theta\frac{\partial}{\partial\theta}\left(\sin\theta\frac{\partial}{\partial\theta}\right)+\beta\,sin^2\theta\right]\Psi(\theta,\varphi)=\frac{\partial^2\Psi(\theta,\varphi)}{\partial\varphi^2}. (201)$$

Substituindo a equação (199) na equação (201) obtém-se

$$\left[\sin\theta\frac{\partial}{\partial\theta}\left(\sin\theta\frac{\partial}{\partial\theta}\right)+\beta\,sin^2\theta\right]\Psi(\theta)\Psi(\varphi)=\frac{\partial^2\Psi(\theta)\Psi(\varphi)}{\partial\varphi^2}$$

Dividindo a equação acima por $\Psi(\theta)\Psi(\varphi)$ obtém-se

$$\left[\frac{\sin\theta}{\Psi(\theta)}\frac{\partial}{\partial\theta}\left(\sin\theta\frac{\partial}{\partial\theta}\right)+\beta\,sin^2\theta\right]\Psi(\theta)=\frac{1}{\Psi(\varphi)}\frac{\partial^2\Phi(\varphi)}{\partial\varphi^2}...(202)$$

Os dois primeiros termos dependem apenas de θ e o último termo depende apenas de φ. Mais uma vez, a única solução não trivial para que a soma seja zero é se os grupos de termos dependentes de uma única variável forem iguais à mesma constante. Seja m^2 como a constante de separação, de modo que

$$\frac{\sin\theta}{\Psi(\theta)}\frac{\partial}{\partial\theta}\left(\sin\theta\,\frac{\partial}{\partial\theta}\right)\Psi(\theta) + \beta\,\sin^2\theta = m^2 \quad..(203)$$

$$\frac{1}{\Psi(\varphi)}\frac{d^2}{d\varphi^2}\Psi(\varphi) = -m^2 \quad...(204)$$

e é assim que o número quântico do momento magnético é introduzido. Mais uma vez, (203) e (204) têm de ser somadas a zero, pelo que a constante de separação tem sinais opostos no lado direito das duas equações.

Resolver$\Psi(\varphi)$ Equação

$$\frac{1}{\Psi(\varphi)}\frac{d^2}{d\varphi^2}\Psi(\varphi) = -m^2 \quad...(204)$$

$$or\ \frac{d^2\Psi(\varphi)}{d\varphi^2} + m^2\Psi(\varphi) = 0 \quad...(205)$$

Esta é uma equação diferencial homogénea de segunda ordem com coeficientes constantes cuja solução é:

$$\Psi(\varphi) = const\ e^{\pm im\varphi} = c_1 e^{im\varphi} + c_2 e^{-im\varphi} \quad...(206)$$

Como estamos interessados na solução real, basta escrever

$$\Psi(\varphi) = c_1 e^{im\varphi} \quad....(207)$$

A fórmula de Euler diz que:

$$\Psi(\varphi) = c_1 e^{im\varphi} = c_1 cos(m\varphi) + isin(m\varphi) \quad....(208)$$

Seja c_1 seja um número complexo, $(ie\ c_1 = \alpha + \beta i)$, então

$$\Psi(\varphi) = (\alpha + \beta i)e^{im\varphi} = (\alpha + \beta i)\cos(m\varphi) + (\alpha + \beta i)i\sin(m\varphi) \quad...(209)$$

Isto é igual a:

$$\Psi(\varphi) = \alpha\cos(m\varphi) + \beta i\cos(m\varphi) + \alpha\,i\sin(m\varphi) - \beta\sin(m\varphi) \quad...(210)$$

Ignorando as partes imaginárias, obtém-se a conhecida forma real da solução"

$$\Psi(\varphi) = \alpha\,\cos(m\varphi) - \beta\,\sin(m\varphi) \quad...(211)$$

Para satisfazer a continuidade da função de onda, a função de onda deve satisfazer uma condição de fronteira cíclica. A condição de limite cíclico significa que se φ é aumentado por qualquer múltiplo de 2π que também representa o mesmo ponto no espaço tridimensional. Então $\Psi(\varphi)$ deve ser igual a $\Psi(\varphi + 2\pi)$.

$$ie\ e^{im(\varphi+2\pi)} = e^{im\varphi} \ ...\ since\ e^{2\pi im} = 1 \ .... (212)$$

Esta afirmação é verdadeira se e somente se m é um número inteiro com valores $m = 0,\ \pm 1,\ \pm 2,\ ...$ e é designado por **número quântico magnético**.

Ao normalizar a equação 207, podemos encontrar a constante de normalização como $\frac{1}{\sqrt{2\pi}}$. A solução normalizada da $\emptyset(\boldsymbol{\varphi})$ equação é

$$\Psi_m(\varphi) = \frac{1}{\sqrt{2\pi}}\ e^{im\varphi} \ .....(213)$$

e pode ser verificado que satisfaz a condição de normalização que contém o conjugado complexo

$$\int_0^{2\pi} \Psi_m{}^*(\varphi)\Psi_m(\varphi)d\varphi = 1 \ ....(214)$$

onde observámos que $\Psi_m{}^*(\varphi) = (2\pi)^{-1/2}$. O intervalo do integral é apenas de 0 a 2π porque o ângulo φ especifica a posição do eixo internuclear em relação ao eixo $x - axis$ do sistema de coordenadas e os ângulos superiores a 2π não especificam uma nova posição adicional. A solução $\boldsymbol{\Psi(\varphi)}$ é também uma solução para a partícula num anel.

Solução da $\Psi(\boldsymbol{\theta})$ Equação

Encontrar as $\Psi(\boldsymbol{\theta})$ que são soluções da equação θ-é um processo mais complicado. A $\Psi(\boldsymbol{\theta})$ equação, $\frac{\sin\theta}{\Psi(\varphi)}\frac{d}{d\theta}\left(\sin\theta\frac{d}{d\theta}\right)\Psi(\theta) + \beta\sin^2\theta = m^2$, (203) pode ser escrita como

$$\sin\theta\frac{d}{d\theta}\left(\sin\theta\frac{d}{d\theta}\right)\Psi(\theta) + \beta\sin^2\theta\Psi(\theta) - m^2\Psi(\theta) = 0 .. (215)$$

Cálculo do primeiro termo,

$$\sin\theta\,\frac{d}{d\theta}\left(\sin\theta\,\frac{d}{d\theta}\right)\Psi(\theta) = \sin\theta\,\frac{d}{d\theta}\left(\sin\theta\,\frac{d\Psi(\theta)}{d\theta}\right)$$

$$= \ \sin\theta\left(\cos\theta\,\frac{d\Psi(\theta)}{d\theta} + \sin\theta\,\frac{d^2}{d\theta^2}\Psi(\theta)\right)$$

$$= sin^2\theta\,\frac{d^2}{d\theta^2}\Psi(\theta) + \sin\theta\cos\theta\,\frac{d\Psi(\theta)}{d\theta}$$

Usando isto, a equação acima torna-se,

$$sin^2\theta\,\frac{d^2}{d\theta^2}\Psi(\theta) + \sin\theta\cos\theta\,\frac{d\Psi(\theta)}{d\theta} + \beta\,sin^2\theta\Psi(\theta) - m^2\Psi(\theta) =$$

$$0 \ .... (216)$$

Vamos mudar as variáveis utilizando $x = \ \cos\theta$, e comentaremos esta substituição mais tarde.

Precisamos então das derivadas em relação a x vice θ, assim

$$\frac{d\Psi(\varphi)}{d\theta} = \frac{df(x)}{dx}\frac{dx}{d\theta} = \frac{df(x)}{dx}(-\sin\theta) = -\sin\theta\,\frac{df(x)}{dx}$$

e

$$\frac{d^2}{d\theta^2}\Psi(\varphi) = \frac{d\left(-\sin\theta\,\frac{df(x)}{dx}\right)}{d\theta} = -\cos\theta\,\frac{df(x)}{dx} - \sin\theta\,\frac{d}{d\theta}\frac{df(x)}{dx}$$

$$= -\cos\theta\,\frac{df(x)}{dx} - \sin\theta\,\frac{d}{dx}\frac{dx}{d\theta}\frac{df(x)}{dx}$$

$$= -\cos\theta\,\frac{df(x)}{dx} - \sin\theta\,\frac{d}{dx}(-\sin\theta)\,\frac{df(x)}{dx}$$

$$= -\cos\theta\,\frac{df(x)}{dx} + \ sin^2\theta\,\frac{d^2 f(x)}{dx^2}$$

Substituindo apenas as derivadas na equação (216), obtém-se

$$sin^2\theta\left(\boldsymbol{sin^2}\,\theta\,\frac{d^2 f(x)}{dx^2} - \cos\theta\,\frac{df(x)}{dx}\right) + \sin\theta\cos\theta\left(-\sin\theta\,\frac{df(x)}{dx}\right) +$$

$$\beta\,sin^2\theta f(x) - m^2 f(x) = 0 \ .... (217)$$

o que nos dá uma equação em ambos θ e x o que não é formalmente correto. Dividindo por $sin^2\theta$ obtemos

$$sin^2\theta\, \frac{d^2 f(x)}{dx^2} - \cos\theta\, \frac{df(x)}{dx} - \cos\theta\, \frac{df(x)}{dx} + \beta f(x) - \frac{m^2}{sin^2\theta} f(x)$$
$$= 0 \ldots (218)$$

A mudança de variáveis fica completa com a soma das duas primeiras derivadas, utilizando $\cos\theta = x$, e $sin^2\theta = 1 - cos^2\theta = 1 - x^2$ que é

$$(1 - x^2)\frac{d^2 f(x)}{dx^2} - 2x\frac{df(x)}{dx} + l(l+1)f(x) - \frac{m^2}{1 - x^2}f(x)$$
$$= 0 \ldots (219)$$

Esta é a **equação de Legendre associada**, que se reduz à **equação de Legendre** (nomeada em homenagem a **Adrien Marie Legendre** (1752-1833), um matemático francês) quando $m = 0$. Aqui $\beta = l(l+1)$; onde l é o número quântico azimutal. Se as derivadas forem indicadas com números primos, e a equação de Legendre associada é frequentemente escrita como

$$(1 - x^2)f''(x) - 2xf'(x) + l(l+1)f(x) - \frac{m^2}{1 - x^2}f(x)$$
$$= 0.. (220)$$

e tornam-se equações de Legendre,

$$(1 - x^2)f''(x) - 2xf'(x) + l(l+1)f(x) = 0;\, when\, m$$
$$= 0 \ldots. (221)$$

As soluções da equação de Legendre associada são os polinómios (ou funções) de Legendre associados, ou seja, a solução de $f(x) = P_{l,m}(x)$. Os polinómios (ou funções) de Legendre associados, $f(x) = P_{l,m}(x)$, podem ser representados por,

$$P_{l,m}(x) = (-1)^m\sqrt{(1 - x^2)^m}\, \frac{d^m}{dx^m}P_{l,m}(x),\, .(222),$$

onde $l = 0, 1, 2, 3, \ldots\ldots$ and $m = -l, (-l+1), \ldots., (+l+1), +l$.

Do mesmo modo, os polinómios de Legendre ou funções de Legendre são as soluções da equação de Legendre e podem ser expressos pela fórmula de Rodrigues,

$$P_l(x) = \frac{(-1)^l}{2^l l!} \frac{d^l}{dx^l} (1 - x^2)^l \; \dots \dots (223)$$

Em geral, as funções de Legendre (ou polinómios) são as soluções da equação diferencial de Legendre que surgem quando separamos as variáveis da equação de Helmholtz, da equação de Laplace ou da equação de Schrodinger utilizando coordenadas esféricas.

Os primeiros polinómios (ou funções) de Legendre são apresentados na tabela 3.

$P_0(x) = 1$	$P_3(x) = \frac{1}{2}(5x^3 - 3x)$
$P_1(x) = x$	$P_4(x) = \frac{1}{8}(35x^4 - 30x^2 + 3)$
$P_2(x) = \frac{1}{2}(3x^2 - 1)$	$P_5(x) = \frac{1}{8}(63x^5 - 70x^3 + 15x)$
Tabela 3: Seis primeiros polinómios de Legendre	

Os primeiros polinómios (ou funções) de Legendre associados são apresentados na tabela 4.

$P_{0,0}(x) = 1$	$P_{2,0}(x) = \frac{1}{2}(3x^3 - 1)$
$P_{1,1}(x) = -\sqrt{1 - x^2}$	$P_{3,3}(x) = -15x\left(\sqrt{1 - x^2}\right)^3$
$P_{1,0}(x) = x$	$P_{3,2}(x) = 15x(1 - x^2)$
$P_{2,2}(x) = 3(1 - x^2)$	$P_{3,1}(x) = -\frac{3}{2}(5x^3 - 1)\sqrt{1 - x^2}$
$P_{2,1}(x) = -3x(1 - x^2)$	$P_{3,0}(x) = \frac{1}{2}(5x^3 - 3x)$

$$\boxed{\text{Tabela 4: Primeiros polinómios de Legendre associados}}$$

Como a equação de Legendre associada com m = 0, as soluções das duas equações devem ser as mesmas quando m = 0 (ou seja $P_l = P_{l,0}$). Aqui um fator de $(-1)^m$ incluído nos polinómios de Legendre associados para que o sinal seja positivo.

Finalmente, a mudança de variáveis $x = \cos\theta$ foi feita para colocar a equação diferencial numa forma mais elementar. Com isso, podemos escrever a solução da $\Psi(\theta)$ equação como

$$\Psi(\theta) = (-1)^m \sqrt{\frac{(2l+1)(l-m)!}{4\pi(l+m)!}}\, P_{l,m}(\cos\theta) \quad .. (224)$$

Por conseguinte, a função de onda total, $\Psi(\theta, \varphi)$ pode ser escrita como

$$\Psi_{l,m}(\theta, \varphi) = (-1)^m \sqrt{\frac{(2l+1)(l-m)!}{4\pi(l+m)!}}\, P_{l,m}(\cos\theta)e^{im\varphi} \quad .. (225)$$

Aqui $l = 0,1,2,\ldots$ e $-l \leq m \leq +l$ e $P_{l,m}(\cos\theta)$ são polinómios (ou funções) de Legendre associados.

Em resumo, separámos a $\Psi(\theta, \varphi)$ numa equação $\Psi(\varphi)$ e uma $\Psi(\theta)$ parte. As soluções da equação $\Psi(\varphi)$ são exponenciais que incluem o número quântico do momento magnético. As soluções da equação $\Psi(\theta)$ são os polinómios de Legendre associados, que são diferentes para cada escolha de momento angular orbital e número quântico do momento magnético. Exceto $P_{l,m}(\cos\theta)e^{im\varphi}$ todos os outros factores da equação $\Psi_{l,m}(\theta, \varphi)$ são simplesmente constantes de normalização.

A função de onda $\Psi(\theta, \varphi)$ (ou funções próprias) do rotador rígido (a partícula na esfera) são chamadas **harmónicas** esféricas.

A energia (valor próprio) do rotor rígido pode ser obtida igualando as duas equações de β.

$$\beta = l(l+1)$$

$$\frac{8\pi^2 IE}{h^2} = \beta$$

$$E_{l,m} = \frac{l(l+1)h^2}{8\pi^2 I}; l = 0,\ 1,\ 2,\ 3,\ ..\ and\ |m|$$

$$= 0,\ 1,\ 2,\ ...l\ ....(226)$$

Ao considerar os níveis de energia rotacional de moléculas lineares, o número quântico rotacional l é geralmente denotado por J e m por m_J de modo que (cada nível de energia é $(2J+1)$ degenerado).

$$E = \frac{\hbar^2}{2I} J(J+1); where\ J = 0,\ 1,\ 2,\ ....(227)$$

O momento angular total em termos de J é dado por

$$L^2 = J(J+1); where\ J = 0,\ 1,\ 2,\ 3 ....(228)$$

$$L = \sqrt{J(J+1)}\ \hbar$$

J pode ser 0 ou qualquer número inteiro positivo maior ou igual a m_J. Cada par de valores dos números quânticos J e m_J identifica um estado rotacional com uma função de onda $\Psi(\theta,\varphi)$ e a energia que lhe está associada.

Utilizando a equação (227), $E = \frac{\hbar^2}{2I} J(J+1); where\ J = 0,\ 1,\ 2,\ ...$ podemos construir o diagrama de níveis de energia (Figura 25). Para simplificar, usamos unidades de energia de $\frac{\hbar^2}{2I}$.

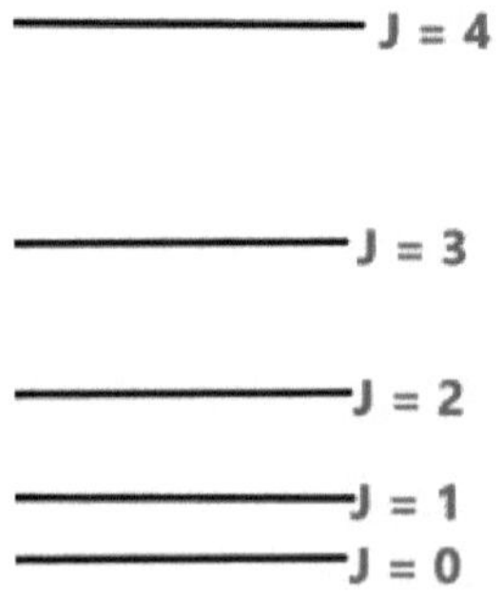

Figura 25: Espaçamento entre níveis de energia para um rotor rígido

$J = 0$: O estado de energia mais baixo tem $J = 0\ and\ m_J = 0$. Este estado tem uma energia, $E_0 = 0$. Existe apenas um estado com esta energia. Ou seja, um conjunto de números quânticos, uma função de onda e um conjunto de propriedades para a molécula.

$J = 1$: O nível de energia seguinte é $J = 1$ com uma energia, $E_1 = \frac{2\hbar^2}{2I}$. Existem três estados com esta energia porque m_J pode ser igual a $+1, 0,\ or -1$. A degenerescência de um nível de energia é o número de estados com essa energia. A degenerescência do nível de energia $J = 1$ é 3 porque há três estados com essa energia, $\frac{2\hbar^2}{2I}$.

$J = 2$: O próximo nível de energia é para $J = 2$ com uma energia, $E_2 = \frac{6\hbar^2}{2I}$ e existem cinco estados com esta energia correspondentes a $m_J = +2, +1. 0, -1, -2$. A degenerescência dos níveis de energia é cinco. Note-se que o espaçamento entre níveis de energia aumenta à medida que J aumenta. Observe também que a degenerescência aumenta. A degenerescência é sempre $2J + 1$ porque m_J varia de $+J\ to\ -J$ em passos inteiros, incluindo 0.

Cada energia permitida do rotor rígido é $(2J + 1) - fold$ degenerada. Assim, existem $(2J + 1)$ diferentes funções de onda com essa energia.

Harmónicos esféricos

Em matemática, os harmónicos esféricos são a parte angular de um conjunto de soluções para a equação de Laplace no sistema de coordenadas polares esféricas utilizando a separação de variáveis. Os harmónicos esféricos são importantes em muitas aplicações teóricas e práticas, nomeadamente no cálculo de configurações electrónicas orbitais atómicas, na representação de campos gravitacionais, geóides e campos magnéticos de corpos planetários e estrelas e na caraterização da radiação cósmica de fundo em micro-ondas.

Os harmónicos esféricos são funções próprias do quadrado do operador do momento angular orbital. Aparecem também nas soluções da equação de Schrödinger em coordenadas esféricas.

Os harmónicos esféricos de Laplace são amplamente utilizados na física e na química. Os harmónicos esféricos são introduzidos para encontrar as soluções da equação de Laplace em coordenadas polares esféricas. São geralmente os produtos normalizados dos polinómios de Legendre associados de coordenadas azimutais, $e^{im\varphi}$, e polar, $P_{l,m}(\cos\theta)$ porções. As soluções para a equação do ângulo azimutal, φ, são exponenciais que incluem o número quântico do momento magnético, m. As soluções para a equação do ângulo polar, θ, são os polinómios de Legendre associados, que são diferentes para cada escolha de momento angular orbital, l, e o número quântico do momento magnético, m. Aqui $l = 0,\ 1,\ 2,\ 3,\ \ldots\ldots$ and $m = -l,\ (-l+1),\ \ldots\ldots,\ (+l+1),\ +l$. A fórmula geral dos harmónicos esféricos é dada por

$$Y_{l,m}(\theta,\varphi) = (-1)^m \sqrt{\frac{(2l+1)(l-m)!}{4\pi(l+m)!}}\ P_{l,m}(\cos\theta)e^{im\varphi}\ \ldots\ldots(229)$$

Aqui um fator de $(-1)^m$ incluído para que o sinal de todos os harmónicos esféricos seja positivo. Ele tem o valor $(-1)^m\ for\ m \geq 0$, e $(-1)^m = 1\ for\ m \leq 0$.

As funções harmónicas esféricas são ortonormais e completas. A relação de ortogonalidade das funções harmónicas esféricas de dois ângulos é dada por

$$\int_{\varphi=0}^{2\pi} \cdot \int_{\theta=0}^{\pi} Y_{l,m}(\theta,\varphi)Y_{l',m'}(\theta,\varphi)d\tau = \delta_{l,l'}\delta_{m,m'} \ldots(230)$$

em que $d\tau = \sin\theta\, d\theta d\varphi$, é o ângulo sólido diferencial em harmónicos esféricos e $\delta_{l,l'}$ & $\delta_{m,m'}$ são os valores do delta de Kronecker

Em geral, o delta de Kronecker é definido como

$$\delta_{l,m} = 0, \text{ when } l \neq m \text{ and } \delta_{l,m} = 1, \text{ when } l = m$$

A completude dos harmónicos esféricos significa que estas funções são linearmente independentes e que não existe nenhuma função de θ e φ que seja ortogonal a todas as funções $Y_{l,m}(\theta,\varphi)$, em que $l \text{ and } m$ abrangem todos os valores possíveis, como indicado acima.

Os harmónicos esféricos são por vezes separados nas suas partes real e imaginária.

$$Y_{l,m_s}(\theta,\varphi)$$

$$= (-1)^m \sqrt{\frac{(2l+1)(l-m)!}{4\pi(l+m)!}}\, P_{l,m}(\cos\theta)\sin(m\varphi) \quad \ldots\ldots(213)$$

$$Y_{l,m_c}(\theta,\varphi)$$

$$= (-1)^m \sqrt{\frac{(2l+1)(l-m)!}{4\pi(l+m)!}}\, P_{l,m}(\cos\theta)\cos(m\varphi) \quad \ldots\ldots(232)$$

A forma real é utilizada nos polinómios de Legendre associados.

Os harmónicos esféricos para $l = 0$, 1, 2, com diferentes valores de m são

Os harmónicos esféricos para $l = 0$, 1, 2		
$l = 0$	$Y_{0,0}(\theta,\varphi) =$	$\sqrt{\dfrac{1}{4\pi}}$
$l = 1$	$Y_{1,-1}(\theta,\varphi) =$	$\sqrt{\dfrac{3}{4\pi}}\,\sin\varphi\sin\theta$
	$Y_{1,0}(\theta,\varphi) =$	$\sqrt{\dfrac{3}{4\pi}}\,\cos\theta$
	$Y_{1,1}(\theta,\varphi) =$	$\sqrt{\dfrac{3}{4\pi}}\,\cos\varphi\sin\theta$

$l = 2$	$Y_{2,-2}(\theta,\varphi) =$	$\sqrt{\dfrac{15}{4\pi}}\ \sin\varphi\cos\varphi\,\sin^2\theta$
	$Y_{2,-1}(\theta,\varphi) =$	$\sqrt{\dfrac{15}{4\pi}}\ \sin\varphi\sin\theta\cos\theta$
	$Y_{2,0}(\theta,\varphi) =$	$\sqrt{\dfrac{5}{16\pi}}\ (3cos^2\theta - 1)$
	$Y_{2,1}(\theta,\varphi) =$	$\sqrt{\dfrac{15}{4\pi}}\ \cos\varphi\sin\theta\cos\theta$
	$Y_{2,2}(\theta,\varphi) =$	$\sqrt{\dfrac{15}{16\pi}}\ (cos^2\varphi - sin^2\varphi)sin^2\theta$

Gráfico dos harmónicos esféricos, $Y_{l,m}(\theta,\varphi)$. Note-se que o $\left|Y_{l,m}(\theta,\varphi)\right|$ é sempre axialmente simétrico em relação a uma rotação em torno do eixo z, uma vez que depende apenas do ângulo, θ. A função de fase muda com uma periodicidade de m.

As combinações lineares dos harmónicos esféricos são resultados de todos os harmónicos esféricos de valor real e mostram apenas uma fase de 0 (positiva) e π (negativa) e correspondem às formas orbitais típicas.

Diagramas polares de harmónicos esféricos

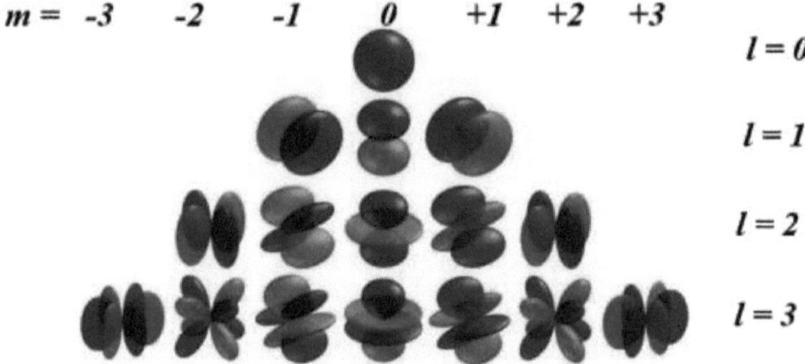

Figura 26: Polar dos primeiros harmónicos esféricos de valor real. Os lóbulos positivos da função de onda são representados a vermelho e os lóbulos negativos a verde.

QUESTÕES E PROBLEMAS

Questões objectivas/de escolha múltipla

1. Qual é o momento de inércia I de um corpo de massa m que gira em torno de um raio r?

(a) $I = mr^2$

(b) $I = \frac{1}{2}mr^2$

(c) $I = mr$

(d) $I = \sqrt{mr^2}$

Resposta: (a) $I = mr^2$

2. O momento de inércia de uma molécula diatómica rígida A é 6 vezes superior ao de outra molécula diatómica rígida B. Se as energias rotacionais das duas moléculas são iguais, então os valores correspondentes dos números quânticos rotacionais J_A e J_B são

(a) $J_A = 2 , J_B = 1$

(b) $J_A = 3 , J_B = 1$

(c) $J_A = 4 , J_B = 0$

(d) $J_A = 6 , J_B = 1$

Resposta: (b) $J_A = 3 , J_B = 1$

Perguntas de resposta curta.

(1) O que é a aproximação do rotor rígido?

(2) Escreva a expressão mecânica quântica para a equação de Laplace em coordenadas polares esféricas.

(3) O que são polinómios de Legendre?

Perguntas de resposta longa

(1) Derivar a função de onda de uma partícula que se move num anel.

Problemas

(1) O comprimento de ligação da $^{12}C^{16}O$ molécula é 112,8 pm. Calcule (a) a massa reduzida e (b) a constante rotacional de $^{12}C^{16}O$. (c) Calcule

o comprimento de onda do fotão absorvido quando uma $^{12}C^{16}O$ molécula inicialmente no nível J=2, faz uma transição para o nível J=3.

(2) Num rotador rígido de massa M, se a energia do primeiro estado excitado for (1 meV). Calcule a energia do quarto estado excitado (em meV).

CAPÍTULO 7

O átomo de hidrogénio e sistemas semelhantes ao hidrogénio

Introdução

O átomo de hidrogénio é considerado o modelo mais importante da mecânica quântica para dominar a estrutura atómica, uma vez que é considerado o elemento mais simples com apenas um eletrão. Além disso, constitui um dos exemplos básicos de sistemas químicos que apresentam movimentos de rotação. A rotação espacial de um eletrão em torno do núcleo no átomo de hidrogénio pode ser descrita em termos das duas variáveis angulares do eletrão $'\theta'$ (ângulo zenital) e $'\varphi'$ (ângulo azimutal) e da sua distância radial $'r'$ do centro do núcleo. Este sistema é equivalente a uma partícula que se move num número infinito de esferas concêntricas.

O átomo de hidrogénio é o único sistema químico em que a equação de Schrodinger foi completamente resolvida. No caso dos sistemas multielectrónicos, não é possível obter uma solução exacta da equação de Schrodinger devido aos termos de repulsão interelectrónica. No entanto, podem ser obtidas soluções aproximadas para estes sistemas multielectrónicos utilizando alguns métodos de aproximação. Como aproximação grosseira, se ignorarmos os termos de repulsão inter-eletrónica em sistemas multielectrónicos e tratarmos os electrões como se movendo independentemente uns dos outros, então a função de onda total do sistema pode ser tratada como o produto de muitas funções de hidrogénio de um só eletrão. Uma função de onda de um eletrão (quer seja ou não do tipo hidrogénio) é chamada **orbital.** Mais precisamente, uma **orbital** é uma função de onda espacial de um eletrão, em que a palavra *espacial* significa que a função de onda depende das três

131

coordenadas espaciais do eletrão x, y e z ou r, θ, e φ. A existência do spin do eletrão acrescenta uma quarta coordenada a uma função de onda de um só eletrão, dando origem ao que se designa por orbital de spin. Uma orbital atómica pode ser definida como a função de onda que especifica o estado de um eletrão num átomo e estas orbitais são também utilizadas para construir funções de onda aproximadas para as moléculas.

Solução completa da equação de Schrödinger para o átomo de hidrogénio

Consideremos um átomo de hidrogénio ou um átomo semelhante ao hidrogénio. O átomo de hidrogénio ou átomos semelhantes ao hidrogénio (He^+, Li^{2+}, Be^{3+} etc) é constituído por um protão e um eletrão. Se $'e'$ é a carga de um protão, então a carga eletrónica " $- e''$. O eletrão e o protão são considerados como massas pontuais e a interação entre eles é dada pela lei de Coulomb. No caso dos sistemas do tipo hidrogénio, a carga nuclear é $'ze'$. Sejam (x, y, z) as coordenadas do eletrão em relação ao núcleo e seja $r = ix + jy + kz$ seja a distância entre as cargas. Então a lei de Coulomb da força sobre o eletrão no átomo de hidrogénio é

$$F = -\frac{Ze^2}{4\pi\varepsilon_0 r^2}\frac{\mathbf{r}}{r}\ \ldots\ldots\ (233)$$

em que $\dfrac{\vec{r}}{r}$ é um vetor unitário na direção de r e o sinal menos indica que existe uma força de atração.

No caso dos sistemas do tipo hidrogénio, os dois tipos de movimentos mais importantes são o movimento de translação do sistema como um todo e o movimento interno do eletrão e do protão em relação um ao outro. O hidrogénio ou o átomo semelhante ao hidrogénio é o sistema químico mais simples para o qual a energia potencial não é uma constante. A PE resultante da força de Coulomb é dada como o produto da força e do deslocamento e é dada pela equação,

$$V(r) = -\frac{Ze^2}{4\pi\varepsilon_0 r^2} * r = \frac{Ze^2}{4\mu\epsilon_0 r} \dots (234)$$

que é o potencial de atração entre cargas de $+e$ e $-e$ separadas por uma distância r.

Para o átomo de hidrogénio, haverá três termos no operador Hamiltoniano de energia total, um termo para a energia cinética do eletrão, um termo para a energia cinética do núcleo e um termo para a energia potencial. Por conseguinte, a equação de Schrodinger pode ser escrita como

$$\left[-\frac{\hbar^2}{2m_e}\nabla_e^2 - \frac{\hbar^2}{2m_n}\nabla_n^2 - \frac{Ze^2}{4\pi\varepsilon_0 r}\right]\Psi = E\Psi \dots (235).$$

Aqui $\nabla_e^2 = \left(\frac{\partial^2}{\partial x_e^2} + \frac{\partial^2}{\partial y_e^2} + \frac{\partial^2}{\partial z_e^2}\right)$ e $\nabla_n^2 = \left(\frac{\partial^2}{\partial x_n^2} + \frac{\partial^2}{\partial y_n^2} + \frac{\partial^2}{\partial z_n^2}\right)$ são os quadrados dos operadores Laplacianos para os termos electrónicos e nucleares. A energia eletrónica entra em cena devido ao movimento do eletrão em torno do núcleo e a energia translacional resulta do movimento do átomo de hidrogénio como um todo dentro da fronteira definida. Assim, a energia total, E_{total}do sistema do átomo de hidrogénio representa a soma da energia de translação, E_{trans}e da energia eterónica, E_{ele}que são independentes uma da outra. Para um sistema de partículas que não interagem entre si, a energia total é a soma das energias individuais de cada partícula e a função de onda é o produto das funções de onda de cada partícula. Por conseguinte, a energia total e a função de onda total, Ψdo átomo de hidrogénio ou de um sistema semelhante ao hidrogénio são dadas pelas equações seguintes.

$$E_{total} = E_{ele} + E_{trans} \dots (236)$$

$$\Psi = \Psi_e . \Psi_t \dots (237)$$

De acordo com o modelo de Bohr, o átomo de hidrogénio está em repouso e não tem movimento de translação como um todo. Portanto, $E_{trans} = 0$ e apenas E_{ele} é calculado.

Considerando as equações (236) e (237), a equação de Schrödinger para o átomo de hidrogénio pode ser escrita como,

$$\left[-\frac{\hbar^2}{2m_e}\nabla_e^2 - \frac{\hbar^2}{2m_n}\nabla_n^2 - \frac{Ze^2}{4\pi\varepsilon_0 r} \right]\Psi_e . \Psi_t$$
$$= [E_{ele} + E_{trans}]\Psi_e . \Psi_t \dots (238)$$

Esta equação não pode ser resolvida porque não está separada nas coordenadas cartesianas do sistema, apesar de Ψ e E tenham sido separados. No entanto, a equação (6) pode ser resolvida separando os termos nucleares e electrónicos do Hamiltoniano e resolvendo separadamente as equações de Schrodinger translacional e eletrónica para o átomo de hidrogénio.

$$\left[-\frac{\hbar^2}{2m_n}\nabla_n^2 \right]\Psi_t = E_{trans}\Psi_t \dots (239)$$

$$\left[-\frac{\hbar^2}{2m_e}\nabla_e^2 - \frac{Ze^2}{4\pi\varepsilon_0 r} \right]\Psi_e = E_{ele}\Psi_e \dots (240)$$

A solução da equação de Schrödinger translacional é semelhante à de uma partícula num problema de caixa tridimensional.

Solução da equação eletrónica de Schrödinger

O movimento eletrónico no átomo de hidrogénio inclui o movimento interno do eletrão em relação ao núcleo e, neste caso, podemos negligenciar a contribuição do movimento de translação do átomo de hidrogénio como um todo. Assim, a energia cinética de um eletrão de massa m_e que se move com uma velocidade v no átomo de hidrogénio é

$$KE = \frac{1}{2}m_e v^2 = \frac{-\hbar^2 \nabla^2}{2m_e} \dots (241)$$

Em rigor, substituímos a massa reduzida (μ_e) em vez da massa do eletrão (m_e).

$$\mu_e = \frac{m_e m_n}{m_e + m_n}$$

No entanto, a massa do núcleo, m_n é muito maior do que a massa do eletrão, podemos escrever,

$$\mu_e = \frac{m_e m_n}{m_n} = m_e$$

Assumindo que o núcleo está em repouso e que apenas o eletrão se move, o Hamiltoniano para o movimento interno pode ser escrito como,

$$\hat{H} = \left(\frac{-\hbar^2 \nabla^2}{2m_e} - \frac{Ze^2}{4\pi\varepsilon_0 r}\right) \dots (242)$$

Aqui o Hamiltoniano é independente do tempo. Assim, temos de resolver a equação de Schrodinger independente do tempo para obter os diferentes estados estacionários.

$$ie\ \hat{H}\Psi = E\Psi \dots (243)$$

$$\left[\frac{-\hbar^2}{2m_e}\left(\frac{\partial^2}{\partial x^2} + \frac{\partial^2}{\partial y^2} + \frac{\partial^2}{\partial z^2}\right) - \frac{Ze^2}{4\pi\varepsilon_0 r}\right]\Psi = E\Psi \dots (244)$$

Esta equação eletrónica de Schrödinger está em termos de coordenadas cartesianas, que contém termos de Laplaciano e de energia potencial e não permite uma solução em coordenadas cartesianas. Para sistemas com simetria esférica, as coordenadas polares são muito úteis. Assim, esta equação eletrónica de Schrödinger do átomo de hidrogénio pode ser resolvida em termos de coordenadas polares (r, θ, φ) em vez de coordenadas cartesianas (x,y,z). Os átomos têm simetria esférica.

Para transformar a equação de Schrödinger eletrónica em coordenadas cartesianas para coordenadas polares esféricas, é necessário transformar as coordenadas do operador Laplaciano que aparece no termo de energia cinética $(\frac{-\hbar^2\nabla^2}{2m})$ para o sistema de coordenadas polares esféricas. A energia potencial $(-\frac{Ze^2}{4\pi\varepsilon_0 r})$ já depende de r. Inserindo o valor do Laplaciano em coordenadas esféricas, a equação de Schrodinger passa a ser

$$\left[\frac{-\hbar^2}{2m}\left(\frac{1}{r^2}\frac{\partial\left(r^2\frac{\partial}{\partial r}\right)}{\partial r} + \frac{1}{r^2\sin\theta}\frac{\partial\left(\sin\theta\frac{\partial}{\partial\theta}\right)}{\partial\theta} + \frac{1}{r^2\sin^2\theta}\frac{\partial^2}{\partial\varphi^2}\right) - \frac{Ze^2}{4\pi\varepsilon_0 r}\right]\Psi = E\Psi ..(245)$$

Multiplicando a equação acima por $\frac{2m}{\hbar^2}$, e reordenando obtemos

$$\left[-\left(\frac{1}{r^2}\frac{\partial\left(r^2\frac{\partial}{\partial r}\right)}{\partial r} + \frac{1}{r^2\sin\theta}\frac{\partial\left(\sin\theta\frac{\partial}{\partial\theta}\right)}{\partial\theta} + \frac{1}{r^2\sin^2\theta}\frac{\partial^2}{\partial\varphi^2}\right) - \frac{2m}{\hbar^2}(V-E)\right]\Psi = 0 ..(246)$$

Assim, em coordenadas esféricas, $\Psi = \Psi(r,\theta,\varphi)$ e a equação de Schrodinger torna-se,

$$\frac{1}{r^2}\frac{\partial\left(r^2\frac{\partial}{\partial r}\right)}{\partial r}\Psi(r,\theta,\varphi) + \frac{1}{r^2\sin\theta}\frac{\partial\left(\sin\theta\frac{\partial}{\partial\theta}\right)}{\partial\theta}\Psi(r,\theta,\varphi)$$

$$+ \frac{1}{r^2 sin^2\theta}\frac{\partial^2}{\partial\varphi^2}\Psi(r,\theta,\varphi)$$

$$-\frac{2m}{\hbar^2}[V(r)-E]\Psi(r,\theta,\varphi) = 0 \dots (247)$$

Neste caso, a função de onda, $\Psi(r,\theta,\varphi)$pode ser separada nas suas componentes aplicando o método de separação de variáveis da matemática. Assim, podemos escrever,

$$\Psi(r,\theta,\varphi) = \Psi(r)Y(\theta,\varphi)\dots(248)$$

Agora, a função de onda eletrónica total na equação de Schrödinger eletrónica pode ser escrita como o produto de parte radial, $\Psi(r)$e da parte angular, $Y(\theta,\varphi)$,. A parte angular, $Y(\theta,\varphi)$é a função de onda de um rotor rígido e é designada por harmónica esférica. A parte radial, $\Psi(r)$é expressável em termos de funções de Laguerre associadas. A solução completa de $\Psi(r,\theta,\varphi)$ é referida como orbital atómica para um átomo de hidrogénio com um eletrão.

Soluções para $\Psi(r)$, $\Psi(\theta)$, e $\Psi(\varphi)$ equações.

Separando a parte radial e angular usando a equação (16), a equação de Schrodinger (15) pode ser escrita como,

$$\frac{1}{r^2}\frac{\partial\left(r^2\frac{\partial}{\partial r}\right)}{\partial r}\Psi(r)Y(\theta,\varphi) + \frac{1}{r^2 sin\theta}\frac{\partial\left(sin\theta\frac{\partial}{\partial\theta}\right)}{\partial\theta}\Psi(r)Y(\theta,\varphi)$$

$$+ \frac{1}{r^2 sin^2\theta}\frac{\partial^2}{\partial\varphi^2}\Psi(r)Y(\theta,\varphi)$$

$$-\frac{2m}{\hbar^2}[V(r)-E]\Psi(r)Y(\theta,\varphi) = 0 \dots (249)$$

$$\Rightarrow Y(\theta,\varphi)\frac{1}{r^2}\frac{\partial\left(r^2\frac{\partial}{\partial r}\right)}{\partial r}\Psi(r) + \Psi(r)\frac{1}{r^2\sin\theta}\frac{\partial\left(\sin\theta\frac{\partial}{\partial\theta}\right)}{\partial\theta}Y(\theta,\varphi)$$

$$+ \Psi(r)\frac{1}{r^2\sin^2\theta}\frac{\partial^2}{\partial\varphi^2}Y(\theta,\varphi) - \frac{2m}{\hbar^2}[V(r)-E]\Psi(r)Y(\theta,\varphi)$$

$$= 0 \ldots (250)$$

Dividindo a equação por $\Psi(r)Y(\theta,\varphi)$ e multiplicando por r^2e reordenando os termos, isto torna-se,

$$\left\{\frac{1}{\Psi(r)}\frac{\partial\left(r^2\frac{\partial}{\partial r}\right)}{\partial r}\Psi(r) - \frac{2mr^2}{\hbar^2}[V(r)-E]\right\}$$

$$+ \left[\frac{1}{Y(\theta,\varphi)}\frac{1}{r^2\sin\theta}\frac{\partial\left(\sin\theta\frac{\partial}{\partial\theta}\right)}{\partial\theta}Y(\theta,\varphi)\right.$$

$$\left.+ \frac{1}{Y(\theta,\varphi)}\frac{1}{r^2\sin^2\theta}\frac{\partial^2}{\partial\varphi^2}Y(\theta,\varphi)\right] = 0 .. (251)$$

Os dois termos entre chavetas dependem apenas de r, e os dois termos entre parêntesis rectos dependem apenas dos ângulos. Com a exceção de uma solução trivial, a única forma de a soma dos grupos ser zero é se cada grupo for igual à mesma constante. A constante escolhida é conhecida como **constante de separação**. Normalmente, seleciona-se uma constante de separação arbitrária, como K, e depois solta-se o valor de K. Nos últimos 300 anos, os físicos e matemáticos fizeram uma escolha esclarecida de $l(l+1)$ como constante de separação, K. Note-se que o $'l'$ é o número quântico do momento angular. Então a equação de Schrodinger pode ser escrita como duas equações separadas.

$$\frac{1}{\Psi(r)}\frac{d}{dr}\left(r^2\frac{d}{dr}\right)\Psi(r) - \frac{2mr^2}{\hbar^2}[V(r)-E] = l(l+1) \ldots (252)$$

a que chamámos **equação radial**, e

$$\frac{1}{Y(\theta,\varphi)\sin\theta}\frac{d}{d\theta}\left(\sin\theta\frac{d}{d\theta}\right)Y(\theta,\varphi) + \frac{1}{Y(\theta,\varphi)sin^2\theta}\frac{d^2}{d\varphi^2}Y(\theta,\varphi)$$
$$= -l(l+1)\ .... (253)$$

que designamos por **equação angular**. Repare que os sinais da constante de separação, $l(l+1)$no lado direito destas duas equações têm de ter sinais opostos, pelo que a sua soma tem de ser igual a zero.

Solução da equação angular

A equação angular do hidrogénio ou de átomos semelhantes ao hidrogénio é dada por

$$\frac{1}{Y(\theta,\varphi)\sin\theta}\frac{d}{d\theta}\left(\sin\theta\frac{d}{d\theta}\right)Y(\theta,\varphi) + \frac{1}{Y(\theta,\varphi)sin^2\theta}\frac{d^2}{d\varphi^2}Y(\theta,\varphi)$$
$$= -l(l+1)\ .... (253)$$

As soluções da equação (253) são os harmónicos esféricos, $Y_{l,m}(\theta,\varphi)$ e, introduzindo a contribuição do número quântico magnético, os harmónicos esféricos são também separáveis, ou seja $ie\ Y_{l,m}(\theta,\varphi) = \Psi_{l,m}(\theta)\Psi_m(\varphi)$.

Utilizando a solução $Y(\theta,\varphi) = \Psi(\theta)\Psi(\varphi)$ na equação (253), podemos escrever,

$$\frac{1}{\Psi(\theta)\Psi(\varphi)\sin\theta}\frac{\partial}{\partial\theta}\left(\sin\theta\frac{\partial}{\partial\theta}\right)\Psi(\theta)\Psi(\varphi)$$
$$+ \frac{1}{\Psi(\theta)\Psi(\varphi)sin^2\theta}\frac{\partial^2}{\partial\varphi^2}\Psi(\theta)\Psi(\varphi) = -l(l+1) ... (254)$$

$$\frac{1}{\Psi(\theta)\sin\theta}\frac{\partial}{\partial\theta}\left(\sin\theta\frac{\partial}{\partial\theta}\right)\Psi(\theta) + \frac{1}{\Psi(\varphi)sin^2\theta}\frac{\partial^2}{\partial\varphi^2}\Psi(\varphi)$$
$$= -l(l+1) ... (255)$$

Multiplicando a equação por $sin^2\theta$ e reorganizando,

$$\frac{\sin\theta}{\Psi(\theta)}\frac{\partial}{\partial\theta}\left(\sin\theta\frac{\partial}{\partial\theta}\right)\Psi(\theta) + l(l+1)sin^2\theta + \frac{1}{\Psi(\varphi)}\frac{\partial^2}{\partial\varphi^2}\Psi(\varphi)$$
$$= 0 \ldots (256)$$

Os dois primeiros termos dependem apenas de θ e o último termo depende apenas de φ. Mais uma vez, a única solução não trivial para que a soma seja zero é se os grupos de termos, cada um dependente de uma única variável, forem iguais à mesma constante. Mais uma vez, usando uma escolha esclarecida, escolhemos m^2 como a constante de separação, pelo que

$$\frac{\sin\theta}{\Psi(\theta)}\frac{\partial}{\partial\theta}\left(\sin\theta\frac{\partial}{\partial\theta}\right)\Psi(\theta) + l(l+1)sin^2\theta = m^2 .. (257)$$

$$\frac{1}{\Psi(\varphi)}\frac{d^2}{d\varphi^2}\Psi(\varphi) = -m^2 \ldots (258)$$

e é assim que o número quântico do momento magnético é introduzido. Mais uma vez, (257) e (258) têm de ser somadas a zero para que a constante de separação tenha sinais opostos no lado direito das duas equações.

Solução da equação do ângulo azimutal

A solução da equação do ângulo azimutal, $\frac{1}{\Psi(\varphi)}\frac{d^2}{d\varphi^2}\Psi(\varphi) = -m^2 .. (258)$ é

$$\Psi(\varphi) = e^{im\varphi} \implies \Psi_m(\varphi) = e^{im\varphi}, \ldots (259)$$

em que o subscrito m é adicionado ao $\Psi(\varphi)$ porque é agora claro que há muitas soluções, uma vez que há valores permitidos para o número quântico magnético, m.

Podemos mostrar que $\Psi_m(\varphi) = e^{im\varphi}$, é uma solução da equação 259 da seguinte forma

$$\frac{d^2}{d\varphi^2}\Psi_m(\varphi) = \frac{d^2}{d\varphi^2}e^{im\varphi} = \frac{d}{d\varphi}(im)e^{im\varphi} = i^2 m^2 e^{im\varphi}$$

$$= -m^2\Psi_m(\varphi)$$

Então o LHS da equação 258 torna-se $\dfrac{1}{\Psi(\varphi)}\dfrac{d^2}{d\varphi^2}\Psi(\varphi) = \dfrac{1}{\Psi(\varphi)}\left(-m^2\Psi_m(\varphi)\right) = -m^2$

portanto $\Psi_m(\varphi) = e^{im\varphi}$, é uma solução da equação 258.

Solução da equação do ângulo polar

A equação polar, $\dfrac{\sin\theta}{\Psi(\varphi)}\dfrac{d}{d\theta}\left(\sin\theta\dfrac{d}{d\theta}\right)\Psi(\theta) + l(l+1)sin^2\theta = m^2$, (257)pode ser rearranjada como

$$\sin\theta\frac{d}{d\theta}\left(\sin\theta\frac{d}{d\theta}\right)\Psi(\theta) + l(l+1)sin^2\theta\Psi(\theta) - m^2\Psi(\theta)$$

$$= 0..(260)$$

Primeiro, avalie o valor do primeiro termo da equação (260).

$$ie\ \sin\theta\frac{d}{d\theta}\left(\sin\theta\frac{d}{d\theta}\right)\Psi(\theta) = \sin\theta\frac{d}{d\theta}\left(\sin\theta\frac{d\Psi(\theta)}{d\theta}\right)$$

$$= \sin\theta\left(\cos\theta\frac{d\Psi(\theta)}{d\theta} + \sin\theta\frac{d^2}{d\theta^2}\Psi(\theta)\right)$$

$$= sin^2\theta\frac{d^2}{d\theta^2}\Psi(\theta) + \sin\theta\cos\theta\frac{d\Psi(\theta)}{d\theta}$$

Utilizando isto, a equação acima (260) torna-se,

$$sin^2\theta\frac{d^2}{d\theta^2}\Psi(\theta) + \sin\theta\cos\theta\frac{d\Psi(\theta)}{d\theta} + l(l+1)sin^2\theta\Psi(\theta) - m^2\Psi(\theta) = 0\ ....(261)$$

Esta equação pode ser resolvida alterando a variável θ fazendo uma substituição, $x = \cos\theta$, e comentaremos esta substituição mais tarde.

As alterações correspondentes devem ser feitas também nas derivadas. Aqui a substituição é $x = \cos\theta$, portanto,

$$\therefore\ \theta = f(x)$$

$$d\theta = df(x)$$

$$\text{Also } dx = -\sin\theta\, d\theta$$

$$\therefore\ \frac{dx}{d\theta} = -\sin\theta$$

Precisamos então das derivadas em relação a x vice θ, pelo que a primeira derivada pode ser escrita como,

$$\frac{d\Psi(\theta)}{d\theta} = \frac{df(x)}{dx}\frac{dx}{d\theta} = \frac{df(x)}{dx}(-\sin\theta) = -\sin\theta\,\frac{df(x)}{dx}$$

Da mesma forma, a segunda derivada pode ser escrita como,

$$\frac{d^2}{d\theta^2}\Psi(\theta) = \frac{d\left(-\sin\theta\,\dfrac{df(x)}{dx}\right)}{d\theta} = -\cos\theta\,\frac{df(x)}{dx} - \sin\theta\,\frac{d}{d\theta}\frac{df(x)}{dx}$$

$$= -\cos\theta\,\frac{df(x)}{dx} - \sin\theta\,\frac{d}{dx}\frac{dx}{d\theta}\frac{df(x)}{dx}$$

$$= -\cos\theta\,\frac{df(x)}{dx} - \sin\theta\,\frac{d}{dx}(-\sin\theta)\,\frac{df(x)}{dx}$$

$$= -\cos\theta\,\frac{df(x)}{dx} + \sin^2\theta\,\frac{d^2 f(x)}{dx^2}$$

Substituindo apenas os valores da primeira e segunda derivadas na equação (261), obtemos

$$sin^2\theta\left(sin^2\theta\,\frac{d^2 f(x)}{dx^2} - \cos\theta\,\frac{df(x)}{dx}\right) + \sin\theta\cos\theta\left(-\sin\theta\,\frac{df(x)}{dx}\right)$$

$$+\, l(l+1)sin^2\theta f(x) - m^2 f(x) = 0 \ ....(262)$$

o que nos dá uma equação em ambos θ e x o que não é formalmente correto. Dividindo por $sin^2\theta$ obtemos

$$sin^2\theta\,\frac{d^2 f(x)}{dx^2} - \cos\theta\,\frac{df(x)}{dx} - \cos\theta\,\frac{df(x)}{dx} + l(l+1)f(x) - \frac{m^2}{sin^2\theta}f(x)$$
$$= 0 \dots (263)$$

A mudança de variáveis fica completa com a soma das duas primeiras derivadas, utilizando $\cos\theta = x$, e $sin^2\theta = 1 - cos^2\theta = 1 - x^2$ que é

$$(1 - x^2)\frac{d^2 f(x)}{dx^2} - 2x\frac{df(x)}{dx} + l(l+1)f(x) - \frac{m^2}{1 - x^2}f(x) = 0 \dots (264)$$

Esta equação tem a forma de **equação de Legendre associada**, em matemática, que se reduz à **equação de Legendre** quando $m = 0$. O seu nome deriva de **Adrien Marie Legendre** (1752-1833), um matemático francês que contribuiu para esta equação. Se a primeira e a segunda derivadas forem indicadas com números primos simples e duplos, e a equação de Legendre associada tiver a forma de,

$$(1 - x^2)f''(x) - 2xf'(x) + l(l+1)f(x) - \frac{m^2}{1 - x^2}f(x)$$
$$= 0.. \ (265)$$

e se transformam na equação de Legendre, when $m = 0$,

$$(1 - x^2)f''(x) - 2xf'(x) + l(l+1)f(x) = 0; \dots. \ (266)$$

As soluções da equação de Legendre associada são os polinómios (ou funções) de Legendre associados, ou seja, a solução de $f(x) = P_{l,m}(x)$. As soluções matemáticas dos polinómios (ou funções) de Legendre associados, $f(x) = P_{l,m}(x)$ são dadas pela equação,

$$P_{l,m}(x) = (-1)^m\sqrt{(1 - x^2)^m}\;\frac{d^m}{dx^m}P_{l,m}(x), \ . (267),$$

onde $l = 0, 1, 2, 3, \dots\dots$ and $m = -l, (-l+1), \dots\dots, (+l+1), +l.$

Do mesmo modo, os polinómios de Legendre ou funções de Legendre são as soluções da equação de Legendre e podem ser expressos pela **fórmula de Rodrigues,**

$$P_l(x) = \frac{(-1)^l}{2^l l!} \frac{d^l}{dx^l} (1 - x^2)^l \dots (268)$$

De um modo geral, as funções (ou polinómios) de Legendre são as soluções da equação diferencial de Legendre que surgem quando separamos as variáveis da equação de Helmholtz, da equação de Laplace ou da equação de Schrodinger utilizando coordenadas esféricas. Os primeiros polinómios (ou funções) de Legendre são apresentados na tabela 5.

$P_0(x) = 1$	$P_3(x) = \frac{1}{2}(5x^3 - 3x)$
$P_1(x) = x$	$P_4(x) = \frac{1}{8}(35x^4 - 30x^2 + 3)$
$P_2(x) = \frac{1}{2}(3x^2 - 1)$	$P_5(x) = \frac{1}{8}(63x^5 - 70x^3 + 15x)$
Tabela 5: Seis primeiros polinómios de Legendre	

Os primeiros polinómios (ou funções) de Legendre associados são apresentados na tabela 6.

$P_{0,0}(x) = 1$	$P_{2,0}(x) = \frac{1}{2}(3x^3 - 1)$
$P_{1,1}(x) = -\sqrt{1 - x^2}$	$P_{3,3}(x) = -15x\left(\sqrt{1 - x^2}\right)^3$

$P_{1,0}(x) = x$	$P_{3,2}(x) = 15x(1 - x^2)$
$P_{2,2}(x) = 3(1 - x^2)$	$P_{3,1}(x) = -\dfrac{3}{2}(5x^3 - 1)\sqrt{1 - x^2}$
$P_{2,1}(x) = -3x(1 - x^2)$	$P_{3,0}(x) = \dfrac{1}{2}(5x^3 - 3x)$

Tabela 6: Primeiros polinómios de Legendre associados

Assim, a partir do quadro, é evidente que se a equação de Legendre é a mesma que a equação de Legendre associada com *m = 0*, as soluções das duas equações devem ser as mesmas quando *m = 0* (ou seja $P_l = P_{l,0}$). Neste caso, um fator de $(-1)^m$ incluído nos polinómios de Legendre associados para que o sinal de todos os harmónicos esféricos seja positivo. Finalmente, a mudança de variáveis $x = \cos\theta$ foi feita para colocar a equação diferencial numa forma mais elementar. Com isto pode-se escrever a solução da $\Psi(\theta)$ equação como

$$\Psi_{l,m}(\theta) = (-1)^m \sqrt{\frac{(2l + 1)(l - m)!}{4\pi(l + m)!}} \, P_{l,m}(\cos\theta) \quad m \geq 0, \dots . (269)$$

em que $P_{l,m}(\cos\theta)$ são polinómios (ou funções) de Legendre associados.

Em resumo, a equação angular separou-se numa parte azimutal e numa parte polar. As soluções para a equação do ângulo azimutal são exponenciais que incluem o número quântico do momento magnético. As soluções para a equação do ângulo polar são os polinómios de Legendre associados, que são diferentes para cada escolha de momento angular orbital e número quântico do momento magnético. Ambos os números quânticos são introduzidos nas respectivas equações diferenciais como constantes de separação. As soluções para a equação angular original (21) são os produtos das duas soluções $P_{l,m}(\cos\theta)\,e^{im\varphi}$. Os produtos $P_{l,m}(\cos\theta)\,e^{im\varphi}$ são as funções harmónicas esféricas. A solução completa das funções harmónicas esféricas pode ser escrita como,

$$Y_{l,m}(\theta,\varphi) = (-1)^m \sqrt{\frac{(2l+1)(l-m)!}{4\pi(l+m)!}}\, P_{l,m}(\cos\theta)e^{im\varphi} \quad m$$

$$\geq 0, \dots (270)$$

e

$$Y_{l,-m}(\theta,\varphi) = Y^*{}_{l,m}(\theta,\varphi), \quad m < 0,$$

em que $P_{l,m}(\cos\theta)$ são os polinómios (ou funções) de Legendre associados. Todos os outros factores na equação (270) são simplesmente constantes de normalização. Se precisarmos de um harmónico esférico com $m < 0$, calcularemos os harmónicos esféricos com $m = |m|$, e depois calculamos o adjunto.

Solução da equação radial

O método da separação de variáveis conduz à seguinte expressão para a parte radial da equação de Schrodinger do hidrogénio ou de sistemas semelhantes ao hidrogénio,

$$\frac{1}{\Psi(r)}\frac{d}{dr}\left(r^2\frac{d}{dr}\right)\Psi(r) - \frac{2mr^2}{\hbar^2}[V(r) - E] = l(l+1) \dots (252)$$

Esta equação diz respeito apenas ao aspeto radial do movimento do eletrão, ou seja, o seu movimento em direção ao núcleo ou para longe dele. Aqui E é a energia total do eletrão e inclui apenas a energia cinética do movimento orbital ou circular do eletrão. O movimento radial do eletrão não tem qualquer contribuição para a energia total E. A equação radial (252) utilizando a massa reduzida, μ e o potencial de Coulomb, $V(r) = -\frac{e^2}{r}$ *in au* pode ser escrita como

$$\frac{1}{\Psi(r)}\frac{d}{dr}\left(r^2\frac{d}{dr}\right)\Psi(r) - \frac{2\mu r^2}{\hbar^2}\left[-\frac{e^2}{r} - E\right] = l(l+1) \dots (271)$$

Ao reorganizar a equação, esta torna-se

$$\frac{d}{dr}\left(r^2\frac{d}{dr}\right)\Psi(r) - \frac{2\mu r^2}{\hbar^2}\left[-\frac{e^2}{r} - E\right]\Psi(r) - l(l+1)\Psi(r)$$

$$= 0 .. (272)$$

$$\frac{d}{dr}\left(r^2\frac{d}{dr}\right)\Psi(r) + \left[\frac{2\mu r^2}{\hbar^2}\frac{e^2}{r} + \frac{2\mu r^2}{\hbar^2}E - l(l+1)\right]\Psi(r)$$

$$= 0 \dots (273)$$

Para resolver esta equação radial, pode ser utilizado um **método de solução de séries de potências** que envolve duas etapas principais. Primeiro, relacionar a equação radial com a **equação de Laguerre associada**, para a qual as funções de Laguerre associadas são soluções. Depois, encontrar os polinómios de Laguerre como soluções da equação de Laguerre.

No atletismo são utilizados diferentes tipos de funções de Laguerre associadas e as suas soluções. Como o nosso interesse é a solução para a equação radial, a seguinte função de Laguerre associada pode ser utilizada.

$$y_j{}^k(x) = e^{-x/2}\, x^{(k+1)/2} L_j{}^k(x) \dots (274)$$

No caso das funções de onda do átomo de hidrogénio, os únicos polinómios de Laguerre associados são aqueles em que $k < j$ e são ortogonais no intervalo $0 \leq x < \infty$. Estes polinómios de Laguerre associados são as soluções da seguinte equação de Laguerre associada,

$$y_j{}^{k\prime\prime}(x) + \left(-\frac{1}{4} + \frac{2j+k+1}{2x} - \frac{k^2-1}{4x^2}\right)y_j{}^k(x) = 0 \dots (275)$$

A razão do nosso interesse na inequação (275) e nas suas soluções como (274), é que a equação (275) é uma forma da equação radial, pelo que as funções radiais $\Psi(r)$ que procuramos são $\Psi_{n,l}(r) = A\, y_n{}^l(r)$ onde A é simplesmente uma constante de normalização.

A nossa próxima tarefa é exprimir a equação 273, numa forma comparável à equação de Laguerre associada (275), e já sabemos que as soluções são a equação (274). Poderemos obter informações adicionais comparando as equações termo a termo. Os níveis de energia do átomo de hidrogénio e o significado dos índices dos **polinómios de Laguerre** associados, que serão números quânticos para o átomo de hidrogénio, resultarão da comparação dos termos individuais.

Efectuando três substituições, é possível converter a equação 273 na forma da equação (275). A primeira é exprimir $o\ \Psi(r)$ em termos de $y(r)$.

$$ie\ y(r) = r\,\Psi(r)$$

$$\Psi(r) = \frac{y(r)}{r} \quad \dots (276)$$

Substituindo esta expressão no primeiro termo da equação 273 e avaliando as derivadas, obtemos

$$\frac{d}{dr}\left(r^2\frac{d}{dr}\right)\Psi(r) = \frac{d}{dr}\left(r^2\frac{d}{dr}\right)(r^{-1})y(r)$$

$$= \frac{d}{dr}r^2\left[(-r^{-2})y(r) + (r^{-1})\frac{dy(r)}{dr}\right]$$

$$= \frac{d}{dr}\left[-y(r) + r\,\frac{dy(r)}{dr}\right]$$

$$= -\frac{dy(r)}{dr} + \frac{dy(r)}{dr} + r\,\frac{d^2y(r)}{dr^2}$$

$$\therefore \frac{d}{dr}\left(r^2\frac{d}{dr}\right)\Psi(r) = r\,\frac{d^2y(r)}{dr^2}$$

Esta substituição serve para eliminar a primeira derivada e inserindo este resultado e a substituição da equação (276), na equação (273) podemos escrever,

$$r\frac{d^2y(r)}{dr^2} + \left[\frac{2\mu re^2}{\hbar^2} + \frac{2\mu r^2}{\hbar^2}E - l(l+1)\right]\frac{y(r)}{r} = 0$$

Ao reorganizar esta equação,

$$\frac{d^2y(r)}{dr^2} + \left[\frac{2\mu e^2}{r\hbar^2} + \frac{2\mu E}{\hbar^2} - \frac{l(l+1)}{r^2}\right]y(r) = 0$$

A segunda substituição destina-se essencialmente a simplificar a notação, e é

$$\left(\frac{\varepsilon}{2}\right)^2 = -\frac{2\mu E}{\hbar^2} \quad \dots (277)$$

onde o sinal negativo à direita indica que estamos à procura de estados ligados, estados tais que $E < 0$, portanto, incluir o sinal negativo aqui permite-nos ter um ε que é real. A última equação torna-se

$$\frac{d^2y(r)}{dr^2} + \left[\frac{2\mu e^2}{r\hbar^2} - \frac{\varepsilon^2}{4} - \frac{l(l+1)}{r^2}\right]y(r) = 0$$

A terceira substituição é uma mudança de variáveis, e repare que relaciona a distância radial e a energia através da equação (277),

$$x = r\varepsilon$$

$$\therefore r = \frac{x}{\varepsilon} \quad \dots\dots (278)$$

$$Then\ dr = \frac{dx}{\varepsilon}$$

$$\frac{d^2y(r)}{dr^2} = \frac{d}{dr}\frac{dy(r)}{dr} = \varepsilon\frac{d}{dx}\varepsilon\frac{dy(x)}{dx} = \varepsilon^2\frac{d^2y(x)}{dx^2},$$

Fazendo estas três substituições, a nossa equação radial torna-se,

$$\varepsilon^2\frac{d^2y(x)}{dx^2} + \left[\left[\frac{2\mu e^2\varepsilon}{x\hbar^2} - \frac{\varepsilon^2}{4} - \varepsilon^2\frac{l(l+1)}{x^2}\right]\right]y(x) = 0$$

$$or\ \frac{d^2y(x)}{dx^2} + \left[-\frac{1}{4} + \frac{2\mu e^2}{\varepsilon x\hbar^2} - \frac{l(l+1)}{x^2}\right]y(x) = 0 \dots (279)$$

Comparando as equações (51) e (47) é possível escrever,

$$l(l + 1) = \frac{k^2 - 1}{4} \ldots\ldots (280)$$

$$or \frac{k^2 - 1}{4} = l(l + 1)$$

$$k^2 = 4l(l + 1) + 1 = 4l^2 + 4l + 1 = (2l + 1)^2$$

$$\therefore k = 2l + 1 \ldots (281)$$

e

$$\frac{2\mu e^2}{\hbar^2 \varepsilon} = \frac{2j + k + 1}{2} \ldots. (282)$$

Como mencionado anteriormente, obtemos as soluções da equação 275 logo após as duas substituições acima (equação 280 e equação 282) na equação 274,

$$ie\ y_j{}^k(x) = e^{-x/2} x^{(k+1)} L_j{}^k(x)$$

Valores de energia próprios da solução da equação radial

A equação (281) diz-nos $k = 2l + 1$ e a Equação (281) dá-nos as energias próprias do átomo de hidrogénio, mas requer algum desenvolvimento. Como $k = 2l + 1$,

$$\frac{2j + k + 1}{2} = \frac{2j + (2l + 1) + 1}{2} = j + l + 1 \ldots (283)$$

Da discussão sobre os polinómios de Laguerre associados, os índices j e k são não-negativos. A soma $j + l + 1$ pode, portanto, assumir qualquer valor inteiro igual ou superior a 1. Vamos dar-lhe o nome de n, ou

$$n = j + l + 1 \ldots (284)$$

O novo índice inteiro n é conhecido como o **número quântico principal**. Utilizando o número quântico principal, os valores próprios de energia do átomo de hidrogénio são obtidos da seguinte forma

Da equação 54, $\frac{2\mu e^2}{\hbar^2 \varepsilon} = \frac{2j+k+1}{2}$, e das equações 283 e 284,

$$j + l + 1 = n = \frac{2\mu e^2}{\hbar^2 \varepsilon}$$

$$\therefore \varepsilon = \frac{2\mu e^2}{\hbar^2 n}$$

$$\varepsilon^2 = \frac{4\mu^2 e^4}{\hbar^4 n^2} \ \cdots (285)$$

A substituição deste valor de ε^2 na equação 277 elimina o termo ε e insere a energia.

$$-4\frac{2\mu E}{\hbar^2} = \frac{4\mu^2 e^4}{\hbar^4 n^2}$$

$$E = \frac{\mu^2 e^4 \hbar^2}{2\mu \hbar^4 n^2} = -\left(\frac{\mu e^2}{\hbar^2}\right)^2 \frac{\hbar^2}{2\mu n^2}$$

$$E_n = -\frac{\hbar^2}{2\mu {a_0}^2 n^2} \, ,$$

onde $a_0 = \dfrac{\hbar^2}{\mu e^2} = 0.529\text{Å}$, is the Bohr Radius

$$E_n = -\frac{\hbar^2}{2\mu {a_0}^2 n^2} = \cdots (286)$$

Inserindo os valores numéricos dos termos constantes em E_n obtemos,

$$E_n = -\frac{1}{4\pi^2} \frac{(hc)^2}{2(\mu c^2){a_0}^2 n^2}$$

$$E_n = -\frac{1}{4\pi^2} \frac{(1.24 \times 10^4 \, eV\,\text{Å})^2}{2(0.511 \times 10^6 \, eV)0.529\text{Å} n^2}$$

$$\therefore E_n = -\frac{\hbar^2}{2\mu {a_0}^2 n^2} = -\frac{13.6 \, eV}{n^2} \ \ldots\ldots (287)$$

em que a quantidade 13,6 eV é designada por Rydberg, geralmente denotada por R ou Ry. A energia do estado fundamental é $E_0 = -13.6 \, eV$ quando $n = 1$. É frequentemente conveniente exprimir as energias dos estados excitados em termos da energia do estado fundamental.

Funções de onda radiais a partir da solução da equação radial

As soluções da equação radial são a equação (274), ou seja

$$y_j{}^k(x) = e^{-x/2}\, x^{(k+1)/2}\, L_j{}^k(x)$$

Desde então, $k = 2l + 1$, o termo, $\dfrac{k+1}{2} = \dfrac{((2l+1)+1)}{2} = l + 1$

e desde $j + l + 1 = n$, então $j = n - l - 1$

Substituindo os valores dos índices da equação (274) em termos dos números quânticos n e l, obtemos,

$$y_n{}^l(x) = e^{-x/2}\, x^{(l+1)}\, L_{n-l-1}{}^{2l+1}(x) \dots (288)$$

A variável independente continua a ser $x = \varepsilon r$. Precisamos de uma variável independente $r$ou, pelo menos, em termos de $r$para ser coerente com o sistema de coordenadas esféricas. Usando (277) e (286), podemos resolver para ε em termos do raio de Bohr e do número quântico principal,

$$\left(\frac{\varepsilon}{2}\right)^2 = -\frac{2\mu E}{h^2} = -\frac{2\mu}{h^2}\left(-\frac{h^2}{2\mu a_0{}^2 n^2}\right) = \frac{1}{a_0{}^2 n^2}$$

$$\Rightarrow \varepsilon^2 = \frac{4}{a_0{}^2 n^2} \Rightarrow \varepsilon = \frac{2}{a_0 n}$$

Uma vez que substituímos, $x = r\varepsilon$

$$x = \frac{2r}{n a_0} \dots (289)$$

Substituir este valor de x na equação (288) obtém-se a equação desejada em termos de variável independente. Assim,

$$y_n{}^l(r) = e^{-r/n a_0}\left(\frac{2r}{n a_0}\right)^{(l+1)} L_{n-l-1}{}^{2l+1}\left(\frac{2r}{n a_0}\right)$$

Finalmente, podemos relacionar a função de Laguerre associada com a função radial que nos propusemos encontrar através da equação (48). Recordemos $y(r) = r\,\Psi(r)$, assim

$$rΨ_{n,l}(r) = e^{-r/na_0} \left(\frac{2r}{na_0}\right)^{(l+1)} L_{n-l-1}^{2l+1}\left(\frac{2r}{na_0}\right)$$

$$Ψ_{n,l}(r) = A\, e^{-r/na_0} \left(\frac{2r}{na_0}\right)^{l} L_{n-l-1}^{2l+1}\left(\frac{2r}{na_0}\right),$$

onde adicionámos uma constante de normalização que absorveu o fator $2/na_0$ do termo de potência quando cancelamos o fator de r. Isto ainda precisa de ser normalizado. Queremos que as funções radiais sejam normalizadas individualmente, pelo que o produto das funções de onda radiais e dos harmónicos esféricos, a função de onda do hidrogénio, é normalizado. As funções de onda radiais normalizadas do átomo de hidrogénio são

$$Ψ_{n,l}(r)$$
$$= \sqrt{\left(\frac{2}{na_0}\right)^3 \frac{(n-l-1)!}{2n[(n+1)!]^3}}\; e^{-r/na_0} \left(\frac{2r}{na_0}\right)^{l} L_{n-l-1}^{2l+1}\left(\frac{2r}{na_0}\right) \dots (290)$$

As primeiras funções de onda radiais normalizadas do hidrogénio são dadas a seguir.

$$Ψ_{1,0}(r) = 2a_0^{\frac{-3}{2}} e^{\frac{-r}{a_0}}$$

$$Ψ_{2,0}(r) = \frac{1}{\sqrt{2}} a_0^{\frac{-3}{2}} \left(1 - \frac{r}{2a_0}\right) e^{\frac{-r}{2a_0}}$$

$$Ψ_{2,1}(r) = \frac{1}{\sqrt{24}} a_0^{\frac{-3}{2}} \frac{r}{a_0} e^{\frac{-r}{2a_0}}$$

$$Ψ_{3,0}(r) = \frac{2}{\sqrt{27}} a_0^{\frac{-3}{2}} \left(1 - \frac{2r}{3a_0} + \frac{2r^2}{27a_0^2}\right) e^{\frac{-r}{3a_0}}$$

$$Ψ_{3,1}(r) = \frac{8}{27\sqrt{6}} a_0^{\frac{-3}{2}} \left(1 - \frac{2r}{6a_0}\right) \frac{r}{a_0} e^{\frac{-r}{3a_0}}$$

$$Ψ_{3,2}(r) = \frac{4}{81\sqrt{30}} a_0^{\frac{-3}{2}} \frac{r^2}{a_0^2} e^{\frac{-r}{3a_0}}$$

Representação física de orbitais

A função de onda, Ψ, é uma solução da equação de Schrodinger e é uma função de r, θ e φ. Descreve o comportamento de um eletrão numa região do espaço denominada orbital atómica. Note-se que a função de onda orbital ou espacial ignora o spin do eletrão. Não é possível representar uma orbital completamente num diagrama num papel.

Para representar graficamente a variação de Ψ com r, θ e φ é necessária uma representação a quatro dimensões. Tal variação não pode ser representada num papel comum, que é bidimensional, nem mesmo em três dimensões.

Para facilitar a representação, as funções de onda são factorizadas em duas partes. A parte real (ou parte radial) e uma parte angular. A parte real muda com a distância do núcleo e a parte angular cujas mudanças correspondem a diferentes formas.

$$\Psi_{(r,\theta,\varphi)} = R_{n,l}(r).\, Y_{l,m}(\theta, \varphi) \dots (291)$$

O **tamanho** de uma orbital é determinado por $R_{n,l}(r)$ que é chamada a **parte radial** da função de onda. A **forma** da orbital é determinada por $Y_{l,m}(\theta, \varphi)$ que é chamada a **parte angular** da função de onda ou **harmónicos esféricos**. A **energia** das orbitais pode ser determinada através da **equação de Schrodinger**.

O quadrado da parte radial da função de onda indica a densidade de probabilidade de um eletrão a qualquer distância r do núcleo. O quadrado da parte angular da função de onda dá a densidade de probabilidade de um eletrão numa determinada direção a partir do núcleo. Assim, a probabilidade de encontrar um eletrão à volta do núcleo envolve dois aspectos: a probabilidade radial e a probabilidade angular. Em geral, "as funções de onda que especificam os estados de um eletrão no átomo são designadas por orbitais atómicas". Uma orbital pode ser definida como a região do espaço em torno do núcleo onde a probabilidade de encontrar um eletrão é grande.

Gráficos radiais e angulares de orbitais

A representação física da função de onda é possível através da representação gráfica.

Caso 1:

Para $l = 0$ (estado s) Ψ é esfericamente simétrico, ou seja Ψ é uma função de r apenas e é independente de θ e φ. Por conseguinte, é conveniente traçar Ψ vs r

Caso 2:

Para $l \neq 0$, Ψ depende de r, θ and φ. Assim, a representação gráfica é possível por

1. Traçar o Ψ ou $R_{n,l}(r)$ em relação a "r" para uma direção fixa (ou seja, valor fixo de θ e φ) ou

2. Traçar a função Ψ ou a função azimutal $Y_{l,m}(\theta, \varphi)$ contra 'θ' para um valor fixo de r e φ ou 'φ' para um valor fixo de r e θ.

Em qualquer dos casos de 2, pode emergir uma imagem tridimensional se efectuarmos a representação gráfica para todos os valores de φ (0 to 2π) no caso do primeiro e todos os valores de θ (0 to π) no caso do segundo.

Parcelas de Ψ ou $R_{n,l}(r)$ em relação a 'r' são designados por **gráficos radiais** e os de Ψ ou $Y_{l,m}(\theta, \varphi)$ em relação a 'θ'ou 'φ' são designadas por **parcelas angulares**.

Dependência radial das orbitais.

A solução da equação de Schrodinger dá as funções radiais, $\Psi_{n,l}(r)$ or
$R_{n,l}(r)$ como

$$R_{n,l}(r)$$

$$= \sqrt{\left(\frac{2Z}{na_0}\right)^3 \frac{(n-l-1)!}{2n[(n+1)!]^3}}\; e^{-Zr/na_0}\left(\frac{2Zr}{na_0}\right)^l L_{n-l-1}^{\;2l+1}\left(\frac{2Zr}{na_0}\right) .. (292)$$

Assim, as primeiras funções de onda radiais normalizadas do
hidrogénio são dadas a seguir.

$$R_{1,0}(r) = 2a_0^{\frac{-3}{2}} e^{\frac{-r}{a_0}}$$

$$R_{2,0}(r) = \frac{1}{\sqrt{2}} a_0^{\frac{-3}{2}}\left(1 - \frac{r}{2a_0}\right) e^{\frac{-r}{2a_0}}$$

$$R_{2,1}(r) = \frac{1}{\sqrt{24}} a_0^{\frac{-3}{2}} \frac{r}{a_0} e^{\frac{-r}{2a_0}}$$

$$R_{3,0}(r) = \frac{2}{\sqrt{27}} a_0^{\frac{-3}{2}}\left(1 - \frac{2r}{3a_0} + \frac{2r^2}{27a_0^2}\right) e^{\frac{-r}{3a_0}}$$

$$R_{3,1}(r) = \frac{8}{27\sqrt{6}} a_0^{\frac{-3}{2}}\left(1 - \frac{2r}{6a_0}\right) \frac{r}{a_0} e^{\frac{-r}{3a_0}}$$

$$R_{3,2}(r) = \frac{4}{81\sqrt{30}} a_0^{\frac{-3}{2}} \frac{r^2}{a_0^2} e^{\frac{-r}{3a_0}}$$

A função de onda radial, $R_{n,l}(r)$ é a parte r-da função de onda total,
$\Psi_{nlm}(r,\theta,\varphi)$. Assim, a variação de $R_{n,l}(r)$ com r também representa
a variação de $\Psi_{n,l}(r)$ com r. A dependência radial das orbitais pode ser
representada graficamente de três formas diferentes.

Primeiro, desenhe os gráficos bidimensionais de $\Psi_{n,l}(r)$ ou $R_{n,l}(r)$
versus r em unidades atómicas para diferentes orbitais.

Para $l = 0$, representa o *ns orbitals* . Estes são os estados que não têm momento angular resultante do movimento orbital, $R_{n,l}(r) \neq 0$ at $r = 0$. Assim, o Ψ_{ns} também não desaparece em $r = 0$ e terá um valor diferente de zero em $r = 0$. Como as funções também contêm o fator $x$os valores da função s em $r = 0$ serão máximos. Diminuem exponencialmente, tendendo a zero para $r = \infty$ (Figura 27).

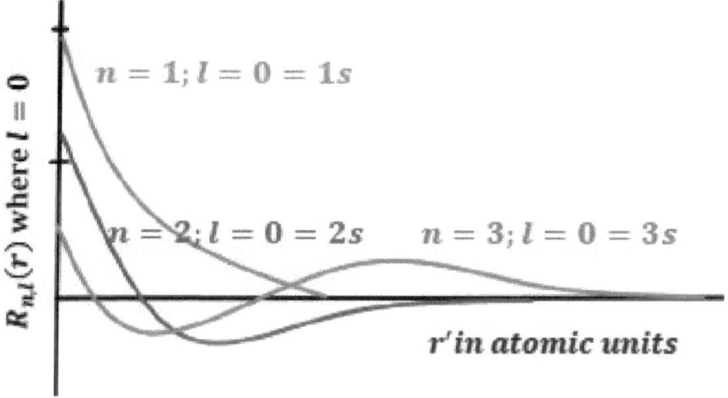

Figura 27: Gráficos radiais com $l = 0$,

Mas quando $l \neq 0$, o $R_{n,l}(r) = 0$ at $r = 0$ para todos os estados com momento angular orbital. A figura 28 ilustra os gráficos radiais para $l \neq 0$ estados.

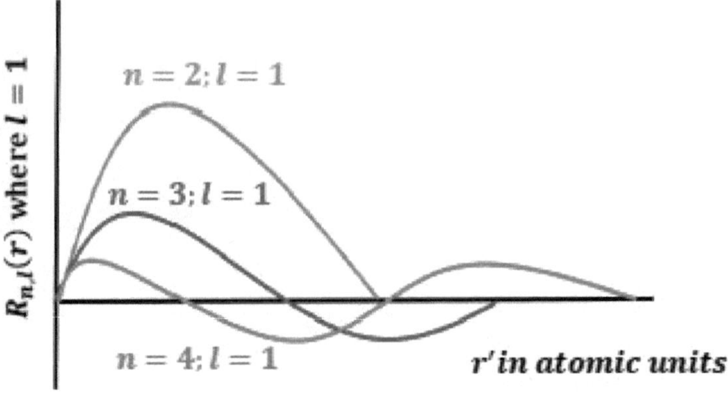

Figura 27: Gráficos radiais com $l \neq 0$,

A presença do fator exponencial $\left(e^{-r/na_0}\right)$na expressão de $R_{n,l}(r)$ mostra que em $r = \infty$, $R_{n,l}(r) = 0$. Isto pode ser entendido pelo facto de que, para ser normalizada, a função radial deve ser tal que $\int_0^\infty R_{n,l}^2(r)r^2 dr = 1$. Isto implica que em $r = \infty, R_{n,l}(r) = 0$.

O $\Psi(r)$ pode ser positivo ou negativo. As regiões positivas e negativas de Ψ podem ser separadas por um ponto, uma reta ou uma superfície em que Ψ e Ψ^2 desaparecem. Estes pontos são designados por ponto nodal, linha nodal ou superfície nodal, respetivamente. Mesmo quando Ψ é negativo, a função de distribuição de probabilidade Ψ^2 or $\Psi^*\Psi$ é positiva. Na região nodal, $\Psi^2 = 0$ e a probabilidade de encontrar um eletrão é zero. A existência de regiões positivas e negativas de Ψ separadas por uma região nodal significa que o eletrão pode passar de uma região de probabilidade finita para outra região de probabilidade finita sem passar pela região nodal intermédia. Este resultado faz-nos pensar como é que tal coisa pode acontecer! No entanto, isto pode ser facilmente explicado porque na mecânica quântica, ao contrário da mecânica clássica, a trajetória de um eletrão não tem qualquer significado.

Assim, para todos os estados, existem nós em $r = \infty$. Os valores de $R_{n,l}(r)$ serão zero em $(n - l - 1)$ valores de r. A estas distâncias, independentemente da distância ao núcleo, existem nós. Por outras palavras, estes nós $(n - l - 1)$ na função de onda radial são nós esféricos. Eles ocorrem entre $r = 0$ e $r = \infty$.

A ocorrência de tais nós pode ser entendida a partir da expressão para o $R_{n,l}(r)$. Esta contém os polinómios de Leguerre associados, $L_{n+1}{}^{2l+1}\left(\frac{2Zr}{na_0}\right)$, que são polinómios em $\left(\frac{2Zr}{na_0}\right)$ de grau $(n + 1) - (2l + 1) = (n - l - 1)$. Este fator, $L_{n+1}{}^{2l+1}\left(\frac{2Zr}{na_0}\right)$ é nulo para $(n - l - 1)$ valores de r, dando origem a $(n - l - 1)$ nós esféricos. Estes são também designados por nós radiais.

Assim, o número de nós, excluindo os de $r = 0$ e $r = \infty$ igual a $(n - l - 1)$.

Note-se que a expressão para $R_{n,l}(r)$ também contém $\left(\frac{2Zr}{na_0}\right)^l$, $R_{n,l}(r)$ é um polinómio em $\left(\frac{2Zr}{na_0}\right)$ ou r de grau $(n - l - 1) + 1 = n - 1$. A maior potência de r em $R_{n,l}(r) = n - 1$.

Para $n = 3$ os gráficos da função de onda radial tornam-se mais planos à medida que l mostrando que quanto maior o momento angular, menor a probabilidade de encontrar os electrões perto do núcleo. Por outras palavras, um eletrão num estado de elevado momento angular tende a ficar mais afastado do núcleo do que um eletrão num estado de menor momento angular.

Uma segunda forma de mostrar a dependência radial das orbitais é traçar $R_{n,l}{}^2(r)$ ou $\Psi_{n,l}{}^2(r)$ contra r em unidades atómicas. Os valores de $R_{n,l}{}^2(r)$ são obtidos elevando ao quadrado os valores de $R_{n,l}(r)$. Estes gráficos para $1s$, $2s$, $2p$, $3s$, $3p$ e $3d$ são mostrados a seguir (Figura 29).

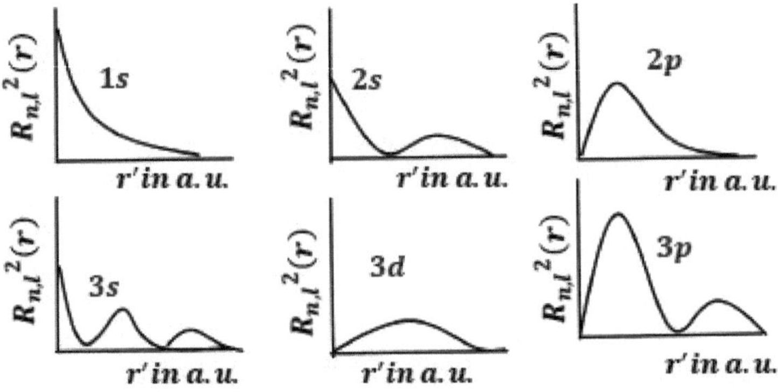

Figura 29: Traçado $R_{n,l}{}^2(r)$ ou $\Psi_{n,l}{}^2(r)$ contra r em unidades atómicas.

Gráficos angulares ou polares

A dependência angular da função de onda é representada pelos harmónicos esféricos. A função de onda angular, $Y_{lm}(\theta, \varphi)$ consiste no produto de dois factores que envolvem θ e φ respetivamente.

$$Y_{lm}(\theta, \varphi) = P_{lm}(\theta)\, e^{im\varphi}$$

em que $e^{im\varphi}$ são as funções polinomiais.

Uma vez que a densidade de probabilidade angular, $\left|e^{im\varphi}\right|^2 = 1$,

$|Y_{lm}(\theta, \varphi)|^2 = |P_{lm}(\theta)|^2$ é independente de φ.

Para $l = 0$ (ou seja, um orbital s), $|P_{lm}(\theta)|^2 = |P_{00}(\theta)|^2$, que é independente de θ. Os gráficos polares são esféricos (Figura 30). $1s -$ *orbital* é uma única esfera, $2s - orbital$ tem duas esferas concêntricas e assim por diante, com o núcleo no centro.

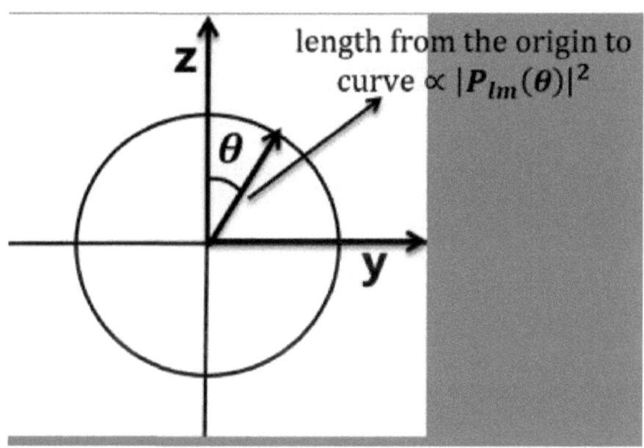

Figura 30: diagrama polar da densidade de probabilidade angular de um eletrão s eletrão.

A dependência angular da densidade de probabilidade pode ser representada por um diagrama polar, no qual o comprimento dos vectores a partir da origem é proporcional ao valor de $|P_{lm}(\theta)|^2$ na direção dos vectores. Assim, como mostra a figura, o diagrama polar de $l = 0$ indica que o vetor tem o mesmo comprimento em todas as direcções, ou seja, para qualquer valor de θ. A distribuição de probabilidade correspondente $|\Psi_{n00}(r, \theta, \varphi)|^2$ é, portanto, esfericamente simétrica; tem a mesma dependência de r em todas as direcções, independentemente de θ e φ. Antes de passar a outros valores de l a tabela 7 seguinte ilustra a notação geralmente utilizada para indicar os estados electrónicos. O estado eletrónico com $n = 1$, $l = 0$ indica um $3d$ eletrão.

Número quântico do momento angular orbital, l	Notação espectroscópica
0	s (nítido
1	p (principal)
2	d (difuso)
3	f (fundamental)
4, 5, 6,....	alfabético - g, h, i, ...
Tabela 7: Notação espectroscópica	

Para l —valores diferentes de zero, $P_{lm}(\theta)$ depende efetivamente de θ e também de m_l. Um gráfico polar apresenta a forma física da orbital em questão. Tais gráficos são facilmente desenhados para orbitais s, p and d orbitais; para outras $(f, g \ldots orbitals)$é difícil deduzir as formas.

Para as orbitais, com $n = 2, l = 1, m_l = -1, 0, +1$, as três $2p$ funções de onda são

$$2p_z = \frac{1}{4\sqrt{2\pi}}\left(\frac{Z}{a_0}\right)^{3/2} r \cos\theta\, e^{\left(-\frac{Zr}{2a_0}\right)} \text{ para } n = 2, l = 1, m_l = 0$$

$$2p_x = \frac{1}{4\sqrt{2\pi}}\left(\frac{Z}{a_0}\right)^{3/2} r \sin\theta \cos\varphi\, e^{\left(-\frac{Zr}{2a_0}\right)} \text{ para } n = 2, l = 1, m_l = +1$$

$$2p_y = \frac{1}{4\sqrt{2\pi}}\left(\frac{Z}{a_0}\right)^{3/2} r \sin\theta \sin\varphi\, e^{\left(-\frac{Zr}{2a_0}\right)} \text{ para } n = 2, l = 1, m_l = -1$$

Gráficos angulares ou polares para $2p_z$ orbital

Se $n = 2, l = 1, m_l = 0$a função é independente de φ e corresponde ao $2p_z$ orbital. Como é independente de φ é simétrica em relação ao eixo polar (eixo z). Um gráfico de $\cos\theta$ contra θ para um determinado valor de r apresenta a seguinte forma (figura 31). Os valores de $\cos\theta$ para $\theta = 0$, 30, 60, 90, 120, 150 and 180 grau são 1, $\frac{\sqrt{3}}{2}$, $\frac{1}{2}$, 0, $-\frac{1}{2}$, $-\frac{\sqrt{3}}{2}$ and -1 respetivamente. Em seguida, assinale estes valores ao longo do raio r para os respectivos valores de θ e ligar estes pontos. Obtêm-se dois semicírculos em torno da reta correspondente a $\theta = 0^0$ and 180^0, designada por eixo polar (figura)

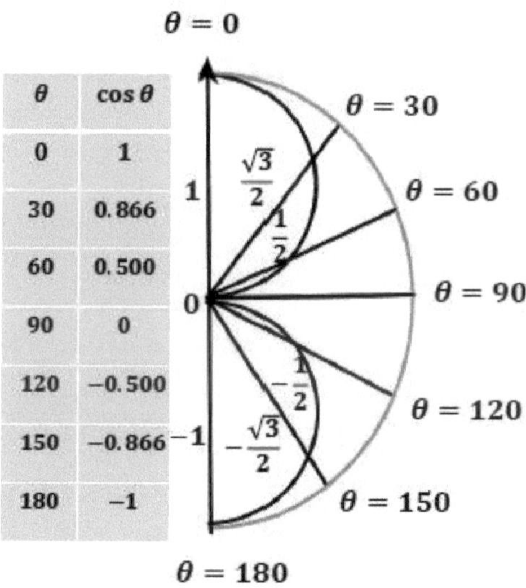

θ	$\cos\theta$
0	1
30	0.866
60	0.500
90	0
120	−0.500
150	−0.866
180	−1

Figura 31: Um gráfico de $\cos\theta$ contra θ para um determinado valor de r

Uma vez que a função $2p_z$ não contém φ o valor da função permanece inalterado quando se roda o semi-círculo em torno do eixo polar através de 2π (o intervalo de φ). Esta rotação produzirá duas esferas (Figura 32), numa das quais a função terá um sinal positivo e na outra terá um sinal negativo. Para qualquer valor de r, a função tem o maior valor positivo na esfera $+z$ e o maior valor negativo na direção $-z$ direção. Assim, o orbital p_z encontra-se ao longo da direção $z - axis$. Quando

$\theta = 90^0$ $(perpendicular\ to\ z - axis)$, $\Psi = 0$. este $xy\ plane$ é o plano nodal.

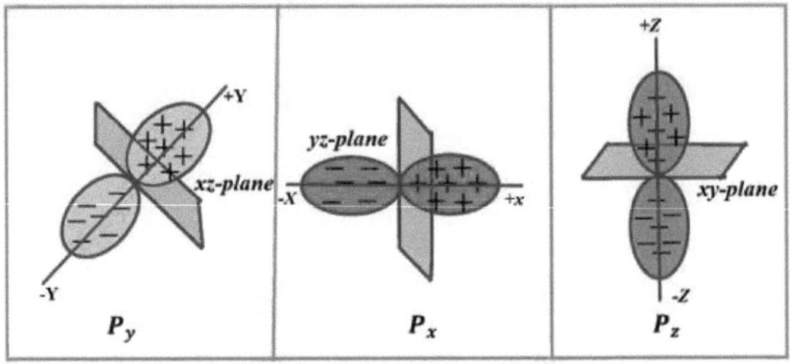

Figura 32: Gráficos polares para as orbitais 3p

Gráficos angulares ou polares para $2p_x$ orbital

Se $n = 2$, $l = 1$, $m_l = +1$, corresponde a $2p_x$ orbital. Contém $\sin\theta \cos\varphi$ e, portanto, a função depende tanto de θ e φ. A parte radial é a mesma que para $2p_z$. Por conseguinte, começa-se por traçar $\sin\theta$ para $\varphi = 0$ (ou seja, ao longo do eixo $+x - direction$). Esta função passa por 0, $\frac{\sqrt{3}}{2}$, 1, $\frac{\sqrt{3}}{2}$ and 0 à medida que θ se move através de 0, 60, 90, 120, and 180 graus, respetivamente. O gráfico polar é um círculo. À medida que φ aumenta, o valor de $\sin\theta \cos\varphi$ para qualquer valor de θ diminui devido ao fator $\cos\varphi$, até $\varphi = 90^0$, então a função desaparece.

Para φ entre 90^0 e 270^0 a função é negativa. Para $\varphi = 180^0$, a função é simplesmente $-\sin\theta$. Assim, temos um outro na forma $-x\ direction$. O gráfico polar completo da função $2p_x$ consiste em duas esferas ao longo do eixo $x - axis$ (Figura 32), em que uma é positiva e a outra é negativa. Aqui $yz - plane$ é o plano nodal.

Gráficos angulares ou polares para $2p_y$ orbital

Se $n = 2$, $l = 1$, $m_l = -1$, corresponde a $2p_y$ orbital. O gráfico polar da $2p_y$ função $(or\ \sin\theta\sin\varphi)$ é constituído por duas esferas ao longo do eixo $y - axis$ com $xz - plane$ como plano nodal. A função, $\sin\theta\sin\varphi$, tem o valor máximo quando $\theta = 90^0\ and\ \varphi = 90^0$.

As três $2p$ funções diferem apenas na sua orientação. Os gráficos polares para valores mais elevados de n diferem apenas no tamanho das esferas.

Gráficos angulares ou polares para $3d$ orbitais

Para $3d$ **orbitais**, $n = 3$, $l = 2$, $m_l = -2,\ -1,\ 0, +1, +2$.

As partes angulares das cinco funções Ψ_{3d} funções na forma real são

$$d_{z^2} = \left(\frac{5}{16\pi}\right)^{1/2}(3cos^2\theta - 1)$$

$$d_{xz} = \left(\frac{15}{4\pi}\right)^{1/2}\sin\theta\cos\theta\cos\varphi$$

$$d_{yz} = \left(\frac{15}{4\pi}\right)^{1/2}\sin\theta\cos\theta\sin\varphi$$

$$d_{x^2-y^2} = \left(\frac{15}{16\pi}\right)^{1/2}sin^2\theta cos^2\varphi$$

$$d_{xy} = \left(\frac{15}{16\pi}\right)^{1/2}sin^2\theta sin^2\varphi$$

O d_{z^2} tem o seu valor máximo (positivo) em $\theta = 90^0\ and\ 180^0$; desaparece quando $3cos^2\theta = 1$ ou $\theta = 54.74^0$ e 125.26^0. No $xy - plane$ é negativo. Assim, os gráficos polares consistem em dois lóbulos ao longo dos eixos $+z$ e $-z$ (Figura 33). Ao ser multiplicada pelo fator r^2 a função torna-se $3z^2 - r^2$ e daí o nome, d_{z^2}.

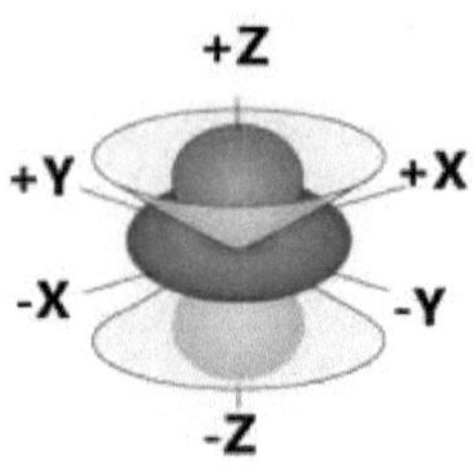

Figura 33: Gráfico polar da d_{z^2} orbital

A função d_{xz} é zero para $\theta = 0,\ 90^0\ and\ for\ \varphi = 90^0\ and\ 270^0$. O valor máximo positivo ocorre em $\theta = 45^0,\ \varphi = 0^0,\ and\ \theta = 135^0,\ \varphi = 180^0$ enquanto o valor negativo máximo ocorre em $\theta = 45^0,\ \varphi = 180^0$ e $\theta = 135^0,\ \varphi = 0^0$. A linha nodal é a linha em que xy e yz corta o plano.

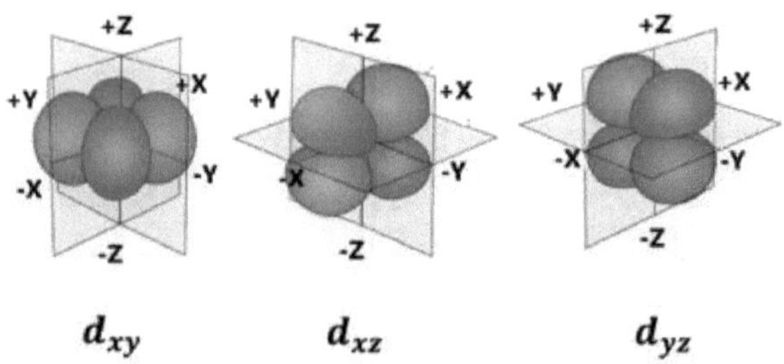

Figura 34: Gráfico polar de d_{xy} , d_{xz} e d_{yz} orbitais

A função d_{yz} é semelhante a d_{xz} exceto que a linha nodal se situa no intervalo xy e xz plano. A multiplicação pelo fator radial r^2 e a utilização das definições de coordenadas polares justificam os nomes d_{xz} e d_{yz}.

A função, d_{xy} é zero quando $\theta = 0\ and\ \varphi = 0^0\ or\ 90^0$. Quando $\theta = 0\ and\ \varphi = 90^0$ temos xy como a superfície nodal. Quando $\theta = 0^0$ e

$\varphi = 90^0$a superfície nodal é yz plana. A função terá um valor máximo quando $\sin\theta = 1$ e $sin^2\theta - 1.$ pois $sin^2\theta = 2\sin\theta\cos\varphi,$ a multiplicação por r^2 conduz a xy, justificando o nome d_{xy}.

A função $d_{x^2-y^2}$ é zero quando $\theta = 0^0$ e $\varphi = -45^0$ e $\varphi = 45^0$. Assim, são geradas duas superfícies nodais quando $\theta = 0^0$ and 180^0 and $\varphi = 45^0$ e 135^0. Esta superfície situa-se entre x e y e inclui os eixos ze inclui o eixo -. Desde $cos2\varphi = cos^2\varphi - sin^2\varphi$a multiplicação por r^2 conduz a $x^2 - y^2$ o que justifica o nome $d_{x^2-y^2}$.

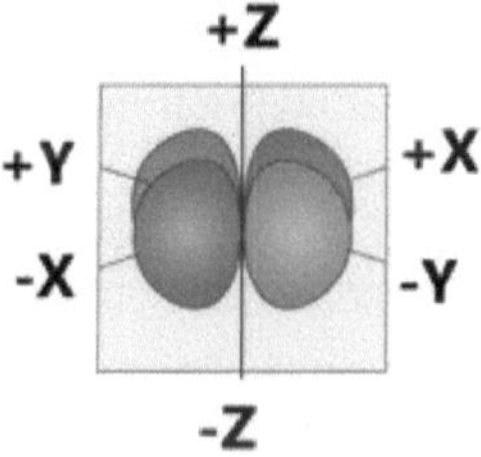

Figura 35: Gráfico polar da $d_{x^2-y^2}$ orbital

Obviamente, as cinco funções d não são equivalentes na sua forma. A primeira d_{z^2}é simétrica (positiva) em relação ao eixo. As duas seguintes mudam de sinal à medida que contornamos o eixo z-ou seja, à medida que φ aumenta de 0 to 360^0. Os dois últimos mudam de sinal duas vezes à medida que contornamos o eixo $z$eixo -.

Função de distribuição radial

A probabilidade de encontrar o eletrão num elemento de volume $d\tau(r^2\sin\theta\,drd\theta d\varphi)$ é dada por

$$\int |\Psi_{nlm}(r,\theta,\varphi)|^2 \, d\tau$$

$$= \int_{r_1}^{r_2} \cdot \int_{\theta_1}^{\theta_1} \cdot \int_{\varphi_1}^{\varphi_2} |\Psi_{nlm}(r,\theta,\varphi)|^2 \, r^2 \sin\theta \, dr d\theta d\varphi .. (293)$$

$$or \ \Psi^2 d\tau = R_{n,l}{}^2(r)\Theta_{l.m}{}^2(\theta)\phi_m{}^2(\varphi)r^2 \sin\theta \, dr d\theta d\varphi .... (294)$$

Ψ^2 representa a densidade de probabilidade ou a probabilidade por unidade de volume. Uma vez que Θ^2 é a probabilidade por unidade de ângulo θ e ϕ^2 é a probabilidade por unidade de ângulo φ; $R_{n,l}{}^2(r)$ deve representar a probabilidade radial por unidade de volume. $R_{n,l}{}^2(r)r^2 dr$ representa a probabilidade radial de encontrar o eletrão entre r e $r + dr$, independentemente da direção. Por outras palavras, os gráficos de mostrados acima dão um mapa de contorno unidimensional da densidade eletrónica a diferentes distâncias r independentemente da direção.

A dependência radial das orbitais pode ser representada de uma terceira forma. O $R_{n,l}{}^2(r)r^2 dr$ dá a probabilidade radial de encontrar o eletrão a uma distância r do núcleo, independentemente da direção. A probabilidade total de encontrar o eletrão a uma distância r em todas as direcções à volta do núcleo obtém-se somando as probabilidades em todos os elementos de volume a essa distância. À medida que r aumenta, o número de elementos de volume aumenta. O volume total de todos os elementos de volume a uma distância r é dado por

$$\int_0^\pi \cdot \int_0^{2\pi} d\tau = \int_0^\pi \cdot \int_0^{2\pi} r^r dr \sin\theta \, d\theta d\varphi = 4\pi r^r dr .... (295)$$

Trata-se de um volume de uma casca esférica encerrada entre duas esferas de raios r e $r + dr$. A probabilidade total de encontrar o eletrão algures no interior desta casca esférica é $4\pi r^r R^2(r)dr$ ou $4\pi r^r \Psi^2(r)dr$. Isto é denotado por $P(r)dr$ onde $P(r)$ é designada por função de distribuição de probabilidade da camada radial ou simplesmente função de distribuição radial.

$$P(r) = 4\pi r^r R^2(r)dr \dots (296)$$

Assim, a função de distribuição radial relaciona a probabilidade de um eletrão num ponto do espaço com a probabilidade de um eletrão numa casca esférica de raio r. Calcula-se multiplicando a probabilidade de um eletrão num ponto de raio r pelo volume da esfera de raio r.

Consideremos uma esfera, cujo volume, quando nos deslocamos numa pequena fatia, é $4\pi r^2 dr$. O volume da esfera é $\frac{4}{3}\pi r^3$.

Depois $\frac{\partial v}{\partial r} = 4\pi r^2$

$$\therefore RDF = P(r) = 4\pi r^2 . R(r)^2 \dots (297)$$

A figura 36 representa um gráfico da função de distribuição radial em relação a várias orbitais.

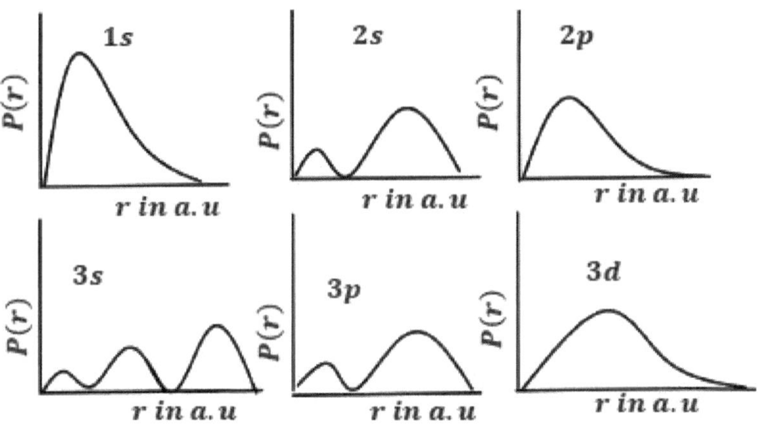

Figura 36: Gráficos da função de distribuição radial

169

QUESTÕES E PROBLEMAS

Questões objectivas/de escolha múltipla

1. Como se altera a energia potencial de um átomo de hidrogénio constituído por um eletrão e um núcleo se o raio entre o eletrão e o núcleo aumentar por um fator de dois?

(a) Diminuir por um fator de dois

(b) Aumenta por um fator de dois

(c) Mantém-se inalterado

(d) Diminuir por um fator de quatro

Resposta: (a) Diminuir por um fator de dois

2. Se o número atómico Z de um núcleo for aumentado por um fator de quatro, como é que isso afecta o valor absoluto dos níveis de energia de um sistema atómico semelhante ao do hidrogénio?

a) Aumenta por um fator de 16

b) Aumenta por um fator de 4

c) Diminui por um fator de 16

d) Aumenta por um fator de 8

Resposta: a) Aumenta por um fator de 16

3. Para um número quântico principal, n, quantas orbitais atómicas são possíveis?

(a) n

(b) n+1

(c) n^2

(d) 2n

Resposta: (c) n^2

4. Qual é o número de orbitais associadas ao número quântico principal $n = 4$?

(a) 10

(b) 16

(c) 12

(d) 15

Resposta: (b) 16

5. A probabilidade de encontrar um eletrão atómico, cuja função de onda radial é R(r), fora de uma esfera de raio r_0 centrada no núcleo é dada por

(a) $\int_{r_0}^{\infty} |R|^2 r^2 dr$

(b) $\int_{r_0}^{\infty} |R|^2 dr$

(c) r^2

(d) $\int_{r_0}^{\infty} r^2 dr$

Resposta: (a) $\int_{r_0}^{\infty} |R|^2 r^2 dr$

6. Qual das seguintes opções é a expressão correta para o número total de nós?

(a) $n - 1$

(b) $l - 1$

(c) $l + 1$

(d) $n + 1$

Resposta: (a) $n - 1$

7. Qual é a orbital que nunca tem uma probabilidade zero de encontrar electrões?

(a) s

(b) p_x

(c) d_{xz}

(d) d_{z^2}

Resposta: (d) d_{z^2}

8. Os planos nodais são descritos como os planos onde a probabilidade de encontrar um eletrão não é igual a ....

(a) Zero

(b) Um

(c) Infinito

(d) Todas as anteriores

Resposta: (a) Zero

9. Se Ψ é a função de onda, então a sua probabilidade é dada por......

(a) $|\Psi|^2$

(b) $|\Psi|^3$

(c) $|\Psi|^4$

(d) $|\Psi|^1$

Resposta: (a) $|\Psi|^2$

10. A probabilidade de encontrar um eletrão é maior em qual dos seguintes números quânticos?

(a) 1

(b) 2

(c) 3

(d) 4

Resposta: (a) 1

11. A probabilidade de encontrar um eletrão é zero em p_{xy} ao longo de ......

(a) Eixo x

(b) Eixo y

(c) Eixo z

(d) nunca zero

Resposta: (c) eixo z

12. Quais são os números de nós angulares e de nós radiais dos 4d-orbitais, respetivamente?

(a) 2 e 1

(b) 1 e 2

(c) 3 e 1

(d) Nenhuma das anteriores

Resposta: (a) 2 e 1

13. Qual das seguintes opções representa a função de distribuição radial de um orbital 2s?

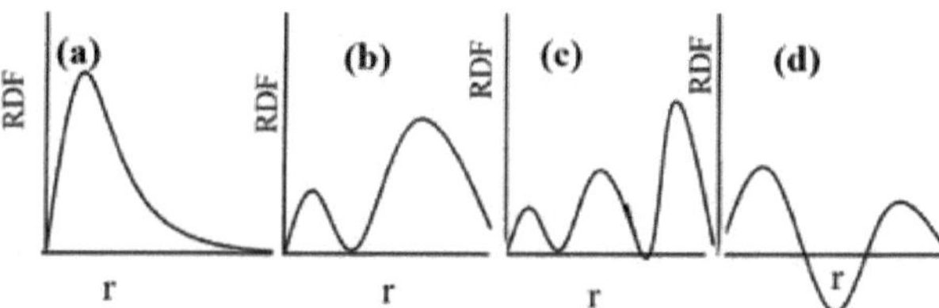

Resposta: (b)

Perguntas de resposta curta.

(1) O que são orbitais degeneradas?

(2) Qual é a diferença entre os termos órbita/casca e orbital?

Perguntas de resposta longa

(1) Discutir o tratamento mecânico quântico do átomo de hidrogénio.

(2) Escreva a equação de Schrodinger para o átomo de hidrogénio em coordenadas polares. Separe-a em equações R, θ , ϕ. Resolva a equação de phi.

(3) Discuta em pormenor a dependência radial e angular de s, p e d e os seus gráficos.

(4) Explicar a utilização dos polinómios de Legendre e das funções de Legendre em problemas de química quântica.

(5) Explicar a utilização dos polinómios de Laguerre e os problemas de química quântica da equação de Laguerre.

(6) Discuta a utilização da relação de recursão na química quântica.

Problemas

(1) Calcular o número total de nós angulares e radiais presentes em 3p orbital.

(2)

CAPÍTULO 8

Funções de onda para sistemas multielectrónicos

Num sistema multieletrónico, mais do que um eletrão interage com um núcleo, como no caso do átomo de hélio ou de lítio. Neste caso, a função de onda total do sistema é uma função da posição de cada eletrão, $\Psi(r_1, r_2, r_3, \ldots, r_n)$. Assim, é necessário ter em conta não só a interação de cada eletrão com o núcleo, mas também as interações dos electrões entre si. Assim, as funções de onda que satisfazem a equação de Schrodinger de sistemas multieletrónicos não podem ser resolvidas como no caso do átomo de hidrogénio, devido à presença de um termo de repulsão eletrónica na parte de energia potencial do Hamiltoniano. Uma solução para este problema é a utilização de alguns métodos de aproximação. O método de aproximação mais utilizado é a aproximação de campo auto-consistente, em que a função de onda total pode ser tomada como o produto de funções de onda electrónicas independentes n independentes dos electrões, resolvendo-se depois a equação de Schrodinger para cada caso independente. O potencial efetivo que interage com cada eletrão é calculado tendo em conta as distribuições de carga dos restantes electrões e do núcleo, o que reduz o problema de muitos corpos a problemas de corpo único. n problemas de corpo único.

Equação de Schrodinger multielectrão

Consideremos um sistema multielectrónico constituído por n electrões. Suponhamos que a função de onda total de um sistema n-como o produto simples de n funções semelhantes às do hidrogénio de um eletrão, como

$$\Psi(1, 2, 3, \ldots, n) = \varphi_1(1), \varphi_2(2), \varphi_3(3), \ldots\ldots, \varphi_n(n) \ldots (298),$$

em que $\varphi_1(1), \varphi_2(2), \varphi_3(3), \ldots\ldots, \varphi_n(n)$ são as funções de onda de um eletrão do tipo hidrogénio dos electrões 1, 2, 3, ..., n. Então, o Hamiltoniano de cada eletrão conterá os termos que envolvem a energia cinética do eletrão, um potencial de Coulomb atrativo eletrão-núcleo e um potencial de Coulomb repulsivo eletrão-eletrão.

Por exemplo, a energia potencial de um eletrão marcado com 1 em unidades atómicas pode ser escrita como

$$V = -\frac{Z}{r_1} + \sum_{j \neq 1} \frac{1}{r_{ij}}, \ldots (299)$$

em que r_1é a distância do eletrão marcado com "1" ao núcleo atómico de carga Z, e r_{1j} a distância inter-eletrónica entre o eletrão 1 e o eletrão j. Todos os outros electrões estarão sujeitos a um campo potencial semelhante num átomo e, por conseguinte, a energia potencial do sistema de vários electrões num átomo de número atómico Z será dada por

$$V = -\sum_i \frac{Z}{r_1} + \frac{1}{2} \sum_{i \neq j} \frac{1}{r_{ij}} \ldots (300)$$

Aqui o fator $\frac{1}{2}$ é introduzido no segundo termo para evitar que cada r_{ij}termo seja contado duas vezes no somatório. O Hamiltoniano de um tal sistema torna-se então

$$\hat{H} = -\frac{1}{2} \sum_i \nabla_i{}^2 - \sum_i \frac{Z}{r_1} + \frac{1}{2} \sum_{i \neq j} \frac{1}{r_{ij}} \ldots (301),$$

em que $\nabla_i{}^2$ é o Laplaciano (operador de energia cinética) do eletrão i. O primeiro termo é a soma dos operadores para as energias cinéticas dos electrões. O resto dos termos dá a energia potencial do sistema. O segundo termo dá a soma das energias atractivas dos electrões para o núcleo. O terceiro termo é a soma das energias de repulsão entre pares de electrões. A equação de onda de Schrodinger do sistema é,

$$\left[-\frac{1}{2}\sum_i \nabla_i{}^2 - \sum_i \frac{Z}{r_1} + \frac{1}{2}\sum_{i \neq j} \frac{1}{r_{ij}} \right] \Psi = E\Psi \dots (302)$$

Aqui $r_{ij} = |r_i - r_j|$, é a notação abreviada para a distância radial entre dois electrões i e j em física atómica. Devido à presença dos termos de repulsão inter-eletrónica $\frac{1}{r_{ij}}$ no Hamiltoniano, não é possível resolver esta equação de Schrodinger pelo método da separação de variáveis, como no caso do hidrogénio e dos átomos semelhantes ao hidrogénio. Para resolver este problema, podemos utilizar alguns métodos de aproximação. Com a ajuda do método de aproximação dos electrões independentes, assumimos que os electrões são independentes uns dos outros, de modo que o Hamiltoniano aproximado é dado por

$$\widehat{H}' = \sum_i \widehat{H}_i = -\frac{1}{2}\sum_i \nabla_i{}^2 - \sum_i V_i, \dots (303)$$

em que V_i é um potencial efetivo de um só eletrão do eletrão i.

Na aproximação por electrões independentes, a função de onda total pode ser considerada como o produto de n funções de onda de um eletrão independente Let $\varphi_1(1), \varphi_2(2), \ \dots \dots, \varphi_n(n)$são as orbitais de um só eletrão dos electrões marcados com 1, 2, ..., n respetivamente. Então, as funções de onda para cada eletrão podem ser escritas como

$$\widehat{H}_1 \varphi_1(1) = E_1 \varphi_1(1)$$

$$\widehat{H}_2 \varphi_2(2) = E_2 \varphi_2(2)$$

$$\dots \dots \ \dots \qquad \dots \dots$$

$$\dots \dots \ \dots \qquad \dots \dots$$

$$\widehat{H}_n \varphi_n(n) = E_n \varphi_n(n)$$

Onde $\hat{H}_i = -\,^1/_2\,\nabla_i{}^2 - V_i$ e E_i é o valor próprio de $\hat{H}_i$. As combinações destas funções de um eletrão, $\varphi_1(1), \varphi_2(2), \ldots\ldots, \varphi_n(n)$é utilizada como primeira aproximação à verdadeira função de onda do sistema. A isto chama-se "aproximação de um eletrão" e obtém-se uma solução aproximada em vez da verdadeira solução do sistema multielectrónico.

Se assumirmos a função de onda total de um sistema de n-como o produto simples de funções de n funções de um só eletrão, como

$$\Psi(1,\ 2,\ 3,\ \ldots,\ n)$$
$$= \varphi_1(1), \varphi_2(2), \varphi_3(3), \ldots\ldots, \varphi_{n-1}(n$$
$$- 1), \varphi_n(n) \ldots (304)$$

Depois

$$\hat{H}\Psi = \big(\hat{H}_1 + \hat{H}_2$$
$$+ \ldots + \hat{H}_{n-1} + \hat{H}_n\big)[\varphi_1(1), \varphi_2(2),\ \ldots\ldots, \varphi_{n-1}(n$$
$$- 1), \varphi_n(n)]$$

$$= \hat{H}_1\varphi_1(1), \varphi_2(2), \varphi_3(3), \varphi_4(4) \ldots\ldots, \varphi_{n-1}(n-1), \varphi_n(n) +$$
$$\hat{H}_2\varphi_2(2), \varphi_1(1), \varphi_3(3), \varphi_4(4), \ldots\ldots, \varphi_{n-1}(n-1), \varphi_n(n) + \cdots +$$
$$\hat{H}_{n-1}\varphi_{n-1}(n-1), \varphi_1(1), \varphi_3(3), \varphi_4(4),\ \ldots\ldots, \varphi_{n-1}(n-1), \varphi_n(n) +$$
$$E_n\varphi_n(n), \varphi_1(1), \varphi_3(3), \varphi_4(4), \ldots\ldots, \varphi_{n-1}(n-1), \varphi_n(n).$$

$$= E_1\varphi_1(1), \varphi_2(2), \varphi_3(3), \varphi_4(4) \ldots\ldots, \varphi_n(n) +$$
$$E_2\varphi_2(2), \varphi_1(1), \varphi_3(3), \varphi_4(4), \ldots\ldots, \varphi_n(n) + \cdots +$$
$$E_n\varphi_n(n), \varphi_1(1), \varphi_3(3), \varphi_4(4), \ldots\ldots, \varphi_n(n).$$

$$\therefore\ \hat{H}\Psi = [(E_1 + E_2 + \cdots + E_n)][\varphi_1(1), \varphi_2(2), \ldots, \varphi_n(n)] \ldots (305)$$

Assim, se negligenciarmos os potenciais eletrão-eletrão, o Hamiltoniano reduzir-se-ia simplesmente à soma de múltiplos Hamiltonianos do tipo hidrogénio, que sabemos como resolver. Nesta aproximação, cada eletrão satisfaria uma orbital do tipo hidrogénio, e a energia total seria a soma dos níveis de energia do hidrogénio.

Se não houver interação entre o movimento de spin e o movimento orbital, podemos aplicar as soluções orbitais atómicas à função de spin própria de cada eletrão, nomeadamente α ou β, com os números quânticos de spin $m_s = +\frac{1}{2}$ or $-\frac{1}{2}$, respetivamente. Agora, a função de onda total de cada eletrão é o produto da sua função de onda orbital (função de onda espacial ou orbital) e da sua função de onda de spin.

A função combinada de espaço e spin de um eletrão é designada por orbital de spin. Vamos escrever a função de onda global de um sistema multi-eletrão como

$$\varphi_1(1)\, \varphi_2(2)\, ...\, \varphi_n(n)$$

em que o φ_1 é uma orbital de spin que acomoda o eletrão 1, φ_2 eletrão 2, e assim por diante. Mas os electrões são partículas indistinguíveis. Assim, uma função de onda global igualmente boa seria

$$\varphi_1(2)\, \varphi_2(1)\varphi_3(3)\, ...\, \varphi_n(n)$$

ou qualquer outro produto similar. De facto, podemos escrever o $n!$ número de tais funções produto que podem ser obtidas permutando os n electrões entre as n entre os spin-orbitais. Assim, a função de onda global mais geral será uma combinação linear destas $n!$ funções.

Funções de onda simétricas e anti-simétricas

Para um sistema de n partículas idênticas que não interagem, a função de onda total do sistema pode ser escrita como

$$\Psi(1,\, 2,\, 3,\, ...,\, n) = \varphi_1(1)\, \varphi_2(2)\, \varphi_3(3)\, ...\, ...\, \varphi_n(n)$$

Por outras palavras, a função de onda total pode ser escrita como um produto de funções de onda individuais. Se as partículas forem idênticas, não deverá fazer diferença para as nossas medições se trocarmos quaisquer duas (ou mais) delas.

Considere um sistema de dois electrões designados por 1 e 2. Se o eletrão 1 está no estado/ orbital φ_1 e o eletrão 2 está no estado/ orbital φ_2; então $\varphi_1(1)\varphi_2(2)$ é a função de onda do sistema. Por outro lado, se o eletrão 2 está no estado/ orbital φ_1 e o eletrão 1 está no estado/ orbital φ_2; então $\varphi_1(2)\varphi_2(1)$ é a função de onda do sistema.

Para um sistema de dois electrões, expressamos isto matematicamente como as combinações lineares

$$\Psi_1 = \varphi_1(1)\,\varphi_2(2) + \varphi_1(2)\,\varphi_2(1)$$
$$\Psi_2 = \varphi_1(1)\,\varphi_2(2) - \varphi_1(2)\,\varphi_2(1)$$

Operando o operador de permutação, P_{12} que tem o efeito de trocar os dois electrões, obtemos

$$P_{12}\Psi_1 = \varphi_1(2)\,\varphi_2(1) + \varphi_1(1)\,\varphi_2(2) = \ +1\Psi_1$$
$$P_{12}\Psi_2 = \varphi_1(2)\,\varphi_2(1) - \varphi_1(1)\,\varphi_2(2) = -1\Psi_2$$

Isto significa que Ψ_1 permanece inalterado quando é operado por P_{12}, enquanto que Ψ_2 apenas muda de sinal. As duas funções são, portanto, funções próprias de P_{12} com os valores próprios de permutação $+1$ e -1. Ψ_1 é uma **função de onda simétrica** e Ψ_2 é uma **função de onda anti-simétrica**. Se a função de onda não muda de sinal aquando da troca de partículas, diz-se que é simétrica. Se mudar de sinal, diz-se que é anti-simétrica. Este princípio fundamental ajuda a compreender o princípio da anti-simetria de Pauli. O princípio da anti-simetria de Pauli afirma que "a função de onda global de um sistema deve ser anti-simétrica no que diz respeito ao intercâmbio de cada par de electrões". Isto significa que uma combinação linear particular das funções de onda $n!$ que muda de sinal quando se trocam as coordenadas de dois electrões quaisquer, é admissível.

Bosões e férmions

Os Bosões e os Férmions são os dois tipos de partículas na mecânica quântica. Um princípio importante da mecânica quântica é que as partículas idênticas não podem ser distinguidas. Portanto, o operador que permuta dois electrões, P_{12} não pode alterar a função de onda, ou, no máximo, pode alterar o seu sinal.

$$\hat{P}_{12}\Psi(2,\ 1,\ 3,\ ....,\ n) = \mp\Psi(2,\ 1,\ 3,\ ....,\ n)\ ....\ (306)$$

A mudança do sinal é elegível, uma vez que apenas o quadrado da função de onda tem significado físico, que não muda com o sinal. Isto leva a duas afirmações gerais relativamente ao princípio da anti-simetria de Pauli.

Declaração 1

Todas as funções de onda aceitáveis para partículas de spin integral devem ser simétricas aquando da permutação (troca) das coordenadas de quaisquer duas partículas.

Um sistema que contenha N partículas idênticas é totalmente simétrico sob a permutação de qualquer par, caso em que se diz que as partículas satisfazem a estatística de Bose-Einstein e, portanto, são conhecidas como **bosões**. As partículas com um spin inteiro (0, 1, 2, 3, ...) (fotões, partículas alfa, átomos de hélio, piões, kaões, gluões, etc.) são descritas por funções de onda simétricas e são designadas por bosões. Não obedecem ao princípio de exclusão, ou seja, um número arbitrário de partículas pode ocupar um estado quântico com o mesmo número quântico.

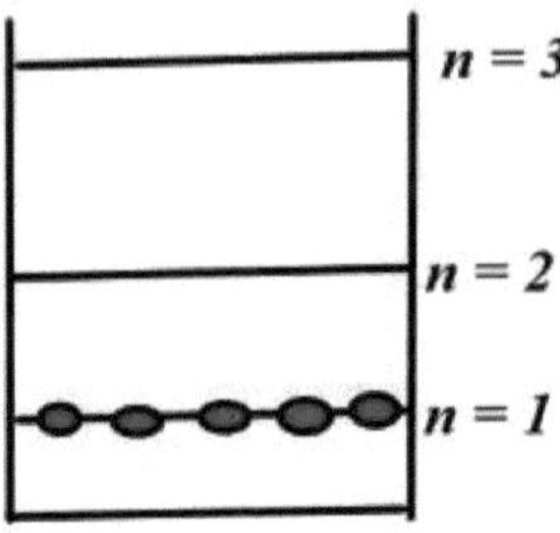

Figura 37: Cinco bosões em T= 0

Declaração 2

Todas as funções de onda aceitáveis para partículas de spin semi-integral devem ser anti-simétricas aquando da permutação (troca) das coordenadas de quaisquer duas partículas.

Um sistema contendo N partículas idênticas é totalmente anti-simétrico sob a permutação de qualquer par, caso em que se diz que as partículas satisfazem a estatística de Fermi-Dirac e são conhecidas como **férmions**. As partículas com um spin meio inteiro ($1/2$, $3/2$, ...) (electrões, protões, neutrões, positrões, quarks, muões, etc.) são descritas por uma função de onda anti-simétrica e são designadas por férmions. Obedecem ao princípio de exclusão.

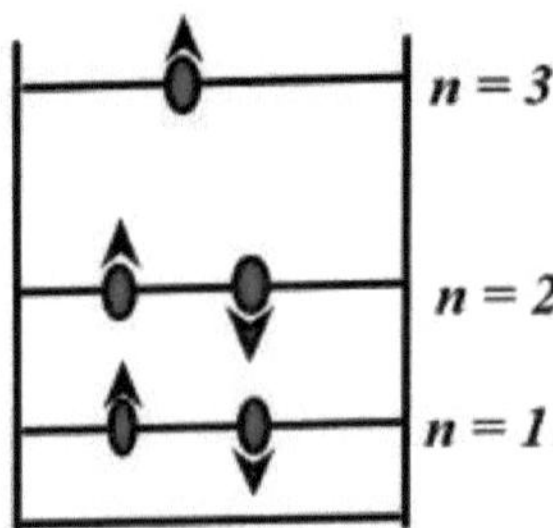

Figura 38: Cinco férmions a T= 0

Uma consequência imediata do facto de o eletrão ser um férmion é que tem de satisfazer o princípio de Pauli, que afirma que dois electrões indistinguíveis não podem estar no mesmo estado. O princípio de Pauli é válido para todos os sistemas de férmions indistinguíveis.

Funções de onda anti-simétricas: Determinantes de Slater

As funções de onda que descrevem mais do que um eletrão têm de ter duas propriedades caraterísticas. Em primeiro lugar, como todos os electrões são partículas idênticas, as coordenadas dos electrões devem aparecer nas funções de onda de modo a que os electrões sejam *indistinguíveis*. Isto significa que as coordenadas dos electrões num átomo ou molécula devem entrar na função de onda de modo a que na distribuição de probabilidade de muitos electrões, $|\Psi|^2 = \Psi^*\Psi$ cada eletrão seja idêntico. O segundo requisito, e esta é uma declaração mais completa e rigorosa do *princípio de exclusão de Pauli*, é que a função de onda para um sistema de dois ou mais electrões deve mudar de sinal sempre que permutamos as coordenadas de quaisquer dois electrões,

$$\Psi(1,\ 2,\ 3,\ \ldots.,\ n) = -\Psi(2,\ 1,\ 3,\ \ldots.,\ n)$$

Esta é uma propriedade dos *férmions* (entre os quais se encontram os electrões, protões e outras partículas de spin semi-integral); em sistemas com mais do que um férmion idêntico, apenas se observam distribuições de probabilidade correspondentes a funções de onda anti-simétricas. Vejamos o caso de 2 electrões.

Se tentarmos construir uma função de onda de dois electrões como um produto de orbitais de electrões individuais, φ_1 e φ_2, então nem $\varphi_1(1), \varphi_2(2)$ nem $\varphi_1(2), \varphi_2(1)$ são satisfatórios, pois é necessário que os electrões sejam indistinguíveis. As combinações $\varphi_1(1), \varphi_2(2) \pm \varphi_1(2), \varphi_2(1)$ satisfazem o requisito de indistinguibilidade, mas estas funções apenas descrevem a distribuição espacial dos electrões; temos de considerar também o seu spin. Se os dois electrões tiverem funções próprias de spin diferentes, a indistinguibilidade significa que nem $\alpha_1\beta_2$ nem $\alpha_2\beta_1$ é satisfatório, mas $\alpha_1\beta_2 \pm \beta_1\alpha_2$ são aceitáveis - tal como $\alpha_1\alpha_2$ e $\beta_1\beta_2$ é claro. Como já referimos, a função de onda global de dois electrões tem de ser anti-simétrica em relação à troca das etiquetas dos electrões. Isto admite quatro possibilidades, desde que φ_1 e φ_2 estejam ocupados individualmente (incluindo as constantes de normalização):

Para a multiplicidade de spin $(2S + 1) = 1$ e $M_S = 0$

$$^1\Psi = Symmetric\ wave\ function \times Antisymmetric\ spin$$

$$^1\Psi = \frac{1}{\sqrt{2}}\big(\varphi_1(1),\varphi_2(2) + \varphi_1(2),\varphi_2(1)\big) \times \frac{1}{\sqrt{2}}(\alpha_1\beta_2 - \beta_1\alpha_2) \dots (307)$$

Para a multiplicidade de spin $(2S + 1) = 3$ e $M_S = 1,\ 0,\ -1$

$$^3\Psi = Antisymmetric\ wave\ function \times Symmetric\ spin$$

$$^3\Psi = \frac{1}{\sqrt{2}}\big(\varphi_1(1),\varphi_2(2) - \varphi_1(2),\varphi_2(1)\big) \times \frac{1}{\sqrt{2}}(\alpha_1\alpha_2)$$

$$^3\Psi = \frac{1}{\sqrt{2}}\big(\varphi_1(1),\varphi_2(2) - \varphi_1(2),\varphi_2(1)\big) \times \frac{1}{\sqrt{2}}(\alpha_1\beta_2 + \beta_1\alpha_2)$$

$$^3\Psi = \frac{1}{\sqrt{2}}\big(\varphi_1(1),\varphi_2(2) - \varphi_1(2),\varphi_2(1)\big) \times \frac{1}{\sqrt{2}}(\beta_1\beta_2) \dots (308)$$

Em 1930, Slater introduziu a utilização de determinantes para construir funções de onda anti-simétricas. Os determinantes de Slater são construídos utilizando *orbitais de spin* em que as orbitais espaciais são combinadas com funções de spin desde o início. Utilizamos a notação $\varphi_1(1) \equiv \varphi_1(1)\alpha_1$ e acrescentamos uma 'barra' no topo para indicar 'spindown'. $\bar\varphi_1(1) \equiv \varphi_1(1)\beta_1$. Os determinantes de Slater são construídos organizando as orbitais de spin em colunas e as etiquetas dos electrões em linhas e são normalizados dividindo por $\sqrt{N!}$ onde N é o número de orbitais de spin ocupados. Esta disposição é universalmente compreendida, pelo que a notação dos determinantes de Slater pode ser muito compacta.

A função de onda determinante normalizada de dois electrões é

$$\Psi = \frac{1}{\sqrt{2!}} \begin{vmatrix} \varphi_1(1)\alpha_1 & \varphi_1(1)\beta_1 \\ \varphi_1(2)\alpha_2 & \varphi_2(2)\beta_2 \end{vmatrix}$$

$$\Psi = \frac{1}{\sqrt{2!}} \begin{vmatrix} \varphi_1(1) & \bar{\varphi}_1(1) \\ \varphi_2(2) & \bar{\varphi}_2(2) \end{vmatrix}$$

No caso de um sistema com vários electrões, a função de onda global é

$$\Psi = \frac{1}{\sqrt{n!}} \begin{bmatrix} \varphi_1(1)\bar{\varphi}_1(1) & \varphi_2(1)\bar{\varphi}_2(1) \cdots & \varphi n_{/2}(1)\bar{\varphi}n_{/2}(1) \\ \varphi_1(2)\bar{\varphi}_1(2) & \varphi_2(2)\bar{\varphi}_2(2) \cdots & \varphi n_{/2}(2)\bar{\varphi}n_{/2}(2) \\ \vdots & \ddots & \vdots \\ \varphi_1(n)\bar{\varphi}_1(n) & \varphi_2(n)\bar{\varphi}_2(n) \cdots & \varphi n_{/2}(n)\bar{\varphi}n_{/2}(n) \end{bmatrix}$$

Muitas vezes, os elementos dos determinantes são abreviados usando o facto de que cada orbital num átomo ou molécula pode acomodar dois electrões, um com α-spin, e o outro com β-spin. Assim, podemos escrever a função de onda global de um sistema de n-(suponhamos que n é um número par) como

$$\frac{1}{\sqrt{n!}} \left| \varphi_1(1)\bar{\varphi}_1(2)\varphi_2(3)\bar{\varphi}_2(4) \dots . \bar{\varphi}n_{/2}(n) \right| \dots . (309)$$

Onde $\varphi_1\varphi_2 \dots . \varphi n_{/2}$ etc. são a parte espacial das orbitais tais que $\varphi_1(1)$ representa o eletrão 1 que ocupa a orbital φ_1 com α-spin e $\bar{\varphi}_1(2)$o eletrão 2 na orbital φ_1 com β-spin.

O determinante de Slater desaparecerá se dois electrões tiverem os mesmos valores dos quatro números quânticos $n, l, m_l \text{ and } m_s$ (duas colunas são iguais no determinante). Esta é a afirmação mais geral do princípio de exclusão de Pauli. Ou seja, "não há dois electrões num átomo que possam ter o mesmo conjunto de quatro números quânticos $n, l, m_l \text{ and } m_s$."

QUESTÕES E PROBLEMAS

Questões objectivas/de escolha múltipla

1. Qual dos seguintes elementos obedece ao princípio de exclusão de Pauli? Pauli?

(a) Bosões

(b) Férmions

(c) Mésons

(d) Todas as anteriores

Resposta: (b) Fermiões

2. Os bosões têm funções de onda simétricas. Não obedecem a ....

(a) Princípio da construção

(b) Princípio de Exclusão de Pauli

(c) Regra de Hund da Multiplicidade Máxima

(d) Princípio da Incerteza de Heisenberg

 Resposta: (b) Princípio de Exclusão de Pauli

3. A estatística de Bose-Einstein é para o ....

(a) Partículas distinguíveis

(b) Partículas simétricas

(c) Partículas com spin meio integral

(d) Partículas com spin integral

Resposta: (d) Partículas com spin integral

4. A diferença entre férmions e bósons é que a função de onda dos bósons é ......

(a) Contínuo

(b) Valorização única

(c) Simétrico

(d) Diferenciável

Resposta: (c) Simétrica

5. A estatística de Bose Einstein é para o ......

(a) Partícula com spin integral

(b) Partícula com meio spin integral

(c) Partículas simétricas

(d) Partícula distinguível

Resposta: (a) Partícula com spin integral

6. Que propriedade distingue os bosões e os férmions?

(a) Girar

(b) Encargos

(c) Massa

(d) Estabilidade nuclear

Resposta: (a) Girar

Perguntas de resposta curta.

(1) O que é o determinante de Slater?

(2) o que são bosões e férmions?

(3) **Quais são as duas afirmações gerais relativas ao princípio anti-simétrico de Pauli?**

(4) Escreva a forma determinante da função de onda multielectrónica.

(5) Definir uma orbital de spin.

Perguntas de resposta longa

(1) Explicar as funções de onda simétricas e anti-simétricas.

(2) Em que é que os bosões diferem dos férmions?

Problemas

(1) Construa uma função de onda anti-simétrica para o átomo de Be e escreva o seu determinante de Slater.

(2) Escreva a função de onda determinante para a configuração $1s^2\, 2p_z$.

CAPÍTULO 9

Spin do eletrão, interação spin-órbita e símbolos de termos

Spin do eletrão

A descrição de um único eletrão orbital num átomo é caracterizada pelos seus três números quânticos orbitais, n, l e m e representada por uma função de onda orbital, $\Psi_{(n,l,m)}(r, \theta, \varphi)$. Mas todos estes números quânticos não são suficientes para explicar os espectros de linhas observados no caso de átomos com vários electrões, ou seja, algumas das linhas ocorrem de facto em duplos (duas linhas estreitamente espaçadas), triplos (três linhas, estreitamente espaçadas), etc. Além disso, a aplicação de um campo magnético a um estado eletrónico com momento angular mesmo nulo apresenta uma natureza de dupleto. Isto revela que um eletrão tem as suas próprias caraterísticas especiais.

Em 1925, Uhlenbeck e Goudsmit explicaram este comportamento sugerindo que um eletrão está associado a uma propriedade chamada spin. Um eletrão pode girar em torno do seu próprio eixo, quer no sentido dos ponteiros do relógio, quer no sentido contrário. Estas duas orientações são distinguidas pelos números quânticos de spin m_s que podem assumir os valores de $+\frac{1}{2}$ ou $-\frac{1}{2}$. Estes são os dois estados de spin do eletrão e são normalmente representados por duas setas, (spin up) e (spin down). Uma orbital não pode conter mais do que dois electrões e estes dois electrões devem ter spins opostos. O momento angular associado a este movimento de spin de um eletrão é designado por momento angular de spin intrínseco. Tal como a massa e a carga de um eletrão, o valor intrínseco do momento angular de spin não pode ser aumentado ou diminuído. Assim, um eletrão sofre um movimento de rotação em torno do seu próprio eixo, bem como orbita em torno do

188

núcleo. Tal como o movimento orbital dá origem a um momento magnético orbital, o movimento de spin dá origem a um momento magnético de spin. Assim, o momento angular resultante de um eletrão é constituído por contribuições dos seus movimentos orbitais e de rotação. A prova experimental da existência do spin do eletrão foi evidenciada por Stern e Gerlach, que utilizaram átomos de prata como projécteis e obtiveram duas bandas. Isto corresponde a um valor de momento angular de $\frac{1}{2}$ e é contrário ao facto de o número quântico do momento angular orbital total ter de ser sempre zero ou um número inteiro.

Mais tarde, uma experiência com átomos de prata normais revelou que o momento angular orbital total dos electrões nas camadas fechadas é igual a zero e que o único eletrão de valência num nível s não tem momento angular orbital, uma vez que $l = 0$. Isto significa que a divisão de um feixe de átomos de prata em dois feixes distintos não resulta do momento angular orbital mas apenas do momento angular de spin.

Os dois resultados importantes das experiências com feixes de prata são

1. O facto de se obterem duas bandas indica que o número quântico do momento angular de rotação total é $\frac{1}{2}$.

2. Um feixe é deflectido como se cada átomo nele contido tivesse uma componente z do momento magnético (μ_z) de $+\beta_e$ e a deflexão do outro feixe indica um momento magnético μ_z de $-\beta_e$.

Os resultados podem ser interpretados da seguinte forma. Suponhamos que as leis da SAM são semelhantes às da OAM. Apenas para diferenciar estas duas, representemos o número quântico da SAM como

s (em vez de l) e o número quântico magnético de spin (determinando a componente z-componênte da SAM, $(M_z)_{spin}$) como m_s (em vez de m_l). Além disso, a componente z do momento magnético (μ_z) é proporcional a z-componente z do momento angular do spin, $(M_z)_{spin}$)

$$(\mu_z)_{spin} \propto (M_z)_{spin}$$

A relação entre μ_z e M_z é dada por,

$$(\mu_z)_{spin} = g \frac{e}{2mc} (M_z)_{spin}$$

Aqui g é uma constante. A magnitude de μ_z é

$$(\mu_z)_{spin} = g \frac{e}{2mc} (M_z)_{spin}$$

$$= g Y_e (M_z)_{spin} \; where \; \gamma_e = \frac{e}{2mc} = \frac{\beta_e}{\hbar}$$

$$= g \frac{\beta_e}{\hbar} (M_z)_{spin} \; ; \beta_e = \frac{eh}{4\pi mc}$$

Mas

$$(M_z)_{spin} = m_s \hbar$$

Desde $s = \frac{1}{2}$ por experiência, $m_s = +\frac{1}{2} \; or \; -\frac{1}{2}$

Assim

$$(M_z)_{spin} = \pm \frac{1}{2} \hbar.$$

Substituindo este valor na equação para $(\mu_z)_{spin}$ obtemos,

$$(\mu_z)_{spin} = g \frac{e}{2mc} \left(\pm \frac{1}{2} \hbar \right) = \pm \frac{1}{2} g \beta_e \; .... (310)$$

Experimentalmente, $\mu_z = \pm \beta_e$. Isto significa que a constante g tem um valor de 2. A constante g é chamada fator de divisão de Lande para um eletrão e o seu valor aceite é 2.002319. Da mesma forma, para o momento magnético total devido ao spin, podemos escrever as seguintes equações:

$$\mu_{spin} = g\,\frac{e}{2mc}\,M_{spin} = g\gamma_e M_{spin} = g\frac{\beta_e}{\hbar}\,M_{spin} \quad\dots (311)$$

Aqui M_{spin} é o momento angular do spin dado por

$$M_{spin} = \sqrt{\frac{1}{2}\left(\frac{1}{2}+1\right)}\;\frac{h}{2\pi} \quad\dots (312)$$

Também

$$\mu_{spin} = g\,\frac{e}{2mc}\,M_{spin} \quad\dots (313)$$

Estas equações revelam a seguinte generalização

1. Como o eletrão tem carga negativa, o vetor momento magnético de spin μ e o vetor do momento angular de spin M apontam em direcções opostas.

2. O momento magnético orbital obtém-se multiplicando o momento angular orbital por $^e/_{2mc}$. Mas o momento magnético de spin é obtido multiplicando o momento angular de spin por $g\,(^e/_{2mc})$; ou seja $^e/_{mc}$.

3. A razão entre o momento magnético orbital e o momento angular orbital é γ_e é chamada de razão giromagnética. É igual a $^e/_{2mc}$. Mas a razão entre o momento magnético do spin e o momento angular do spin é $^e/_{mc}$. Ou seja, a razão giromagnética para o movimento de spin é duas vezes maior do que para o movimento orbital.

4. A experiência de Stern-Gerlach é uma medida direta do momento magnético intrínseco do eletrão μ_{spin}. O valor de μ_{spin} pode ser calculado como

$$\mu_{spin} = \sqrt{\frac{1}{2}\left(\frac{1}{2}+1\right)}\ \frac{h}{2\pi}\, g\, \frac{e}{2mc} \ldots (314)$$

$$= \sqrt{3}\ \frac{he}{4\pi mc} = \sqrt{3}\ \beta_e = \sqrt{3}\ BM$$

Outras evidências do spin do eletrão são obtidas através da espetroscopia ESR e NMR, da degenerescência dos estados excitados dos átomos e das moléculas, do efeito Zeeman anómalo e das divisões de estrutura fina dos espectros atómicos.

Dirac demonstrou que, se a equação de onda de Schrodinger for reformulada de modo a satisfazer os requisitos da teoria da relatividade, a sua solução conduz diretamente ao quarto número quântico devido ao spin do eletrão.

Tratamento mecânico quântico do spin dos electrões

No tratamento geral da mecânica quântica, começamos por escrever a expressão mecânica clássica para um determinado observável, substituindo depois os termos pelos operadores mecânicos quânticos correspondentes. Depois de definirmos os operadores, derivamos as suas regras de comutação, funções próprias e valores próprios. Este tratamento geral da mecânica quântica não pode ser aplicado no caso do spin do eletrão para derivar as suas regras de comutação, funções próprias de spin e valores próprios de spin porque não existe um análogo clássico do spin do eletrão. Por conseguinte, é necessário introduzir o conceito de spin sob a forma de postulados de spin.

Postulado - I

Os operadores para o momento angular de spin comutam e combinam-se da mesma forma que os operadores para o momento angular orbital.

Seja S^2, S_x, S_y, S_z representa os operadores de spin semelhantes a L^2, L_x, L_y, L_z. Então podemos escrever as seguintes equações

$$S^2 = S_x{}^2 + S_y{}^2 + S_z{}^2$$

$$S_x S_y - S_y S_x = i\hbar S_z$$

$$S_y S_z - S_z S_y = i\hbar S_x$$

$$S_z S_x - S_x S_z = i\hbar S_y$$

Os operadores para as componentes do momento angular do spin não comutam entre si. No entanto, eles comutam com S^2. Portanto, podemos escrever,

$$S_x S^2 - S^2 S_x = 0;$$

$$S_y S^2 - S^2 S_y = 0;$$

$$S_z S^2 - S^2 S_z = 0;$$

Como resultado, concluímos que é possível especificar com precisão o momento angular de rotação total e qualquer uma das suas componentes apenas em simultâneo.

Para um sistema com muitos electrões, podemos definir os operadores para o momento angular de spin total $S_t{}^2$, S_{xt}, S_{yt} and S_{zt}.

$$S_t{}^2 = S_{xt}{}^2 + S_{yt}{}^2 + S_{zt}{}^2$$

$$S_{xt} = \sum S_{xi}\,; S_{yt} = \sum S_{yi}; S_{zt} = \sum S_{zi}$$

Também

$$S_t{}^2 \neq \sum S_i{}^2$$

Isto decorre do facto de

$$S_t = \sum S_i = \sum S_{xi} + S_{yi} + S_{zi}$$

$$S_t = S_{xt} + S_{yt} + S_{zt}$$

$$S_{xt} = \sum S_{xi} \; ; S_{yt} = \sum S_{yi}; S_{zt} = \sum S_{zi}$$

As suas relações de comutação são

$$S_{xt}S_{yt} - S_{yt}S_{xt} = i\hbar S_{zt}$$

$$S_{yt}S_{zt} - S_{zt}S_{yt} = i\hbar S_{xt}$$

$$S_{zt}S_{xt} - S_{xt}S_{zt} = i\hbar S_{yt}$$

As componentes do operador de momento angular de spin total comutam com o seu quadrado (S_t^2):

$$S_{xt}S_t^2 - S_t^2 S_{xt} = 0;$$

$$S_{yt}S_t^2 - S_t^2 S_{yt} = 0;$$

$$S_{zt}S_t^2 - S_t^2 S_{zt} = 0;$$

Postulado - II

O segundo postulado baseia-se na experiência de Stern-Gerlach, que mostra que a componente z do momento angular de spin de um único eletrão na camada de valência do átomo de prata só pode ter dois valores próprios possíveis, nomeadamente $\pm\frac{1}{2}\hbar$. Isto significa que, para um único eletrão, existem apenas duas funções próprias para S_z. Como S_z e S^2 comutam, têm o mesmo conjunto de duas funções próprias (teorema).

O segundo postulado pode ser enunciado da seguinte forma: 'Para um único eletrão, existem apenas duas funções de spin para S_z e S^2 e estas são representadas por $\alpha(\omega)$ e $\beta(\omega)$'.

Tal como r, θ e φ são as variáveis de posição no espaço de configuração, ω é uma variável de spin no chamado espaço de spin. Como só há dois estados de spin possíveis α e β, as variáveis de spin só podem assumir dois valores diferentes, correspondentes às diferentes orientações do spin. Um eletrão no estado α diz-se que o seu vetor momento angular de spin aponta para cima em relação a um eixo de referência, digamos o eixo z-. De acordo com a convenção de sinais para o vetor momento angular, o estado α corresponde a um movimento de rotação no sentido contrário ao dos ponteiros do relógio. A componente z do momento angular de spin para esta orientação do vetor momento angular de spin de magnitude $\sqrt{\frac{1}{2}\left(\frac{1}{2}+1\right)}\ \hbar$ é $+\frac{1}{2}\hbar$. O estado de rotação α é caracterizado pelo número quântico do momento angular de spin s de valor $\frac{1}{2}$ e um número quântico de momento magnético de spin, simplesmente designado por número quântico de spin, $m_s = +\frac{1}{2}$. É representado por $\alpha_{\frac{1}{2},\frac{1}{2}}$.

Um eletrão no estado β diz-se que o seu vetor momento angular de spin aponta para baixo em relação ao eixo de referência ou z-eixo de referência. Este estado corresponde a um movimento de rotação do eletrão no sentido dos ponteiros do relógio. A componente z-do momento angular de spin para esta orientação do vetor momento angular de spin de magnitude $\sqrt{\frac{1}{2}\left(\frac{1}{2}+1\right)}\ \hbar$ é $-\frac{1}{2}\hbar$. Para este estado, $s = \frac{1}{2}$ e $m_s = -\frac{1}{2}$. é representado por $\beta_{\frac{1}{2},-\frac{1}{2}}$.

Estes dois estados de spin são apresentados na figura 39.

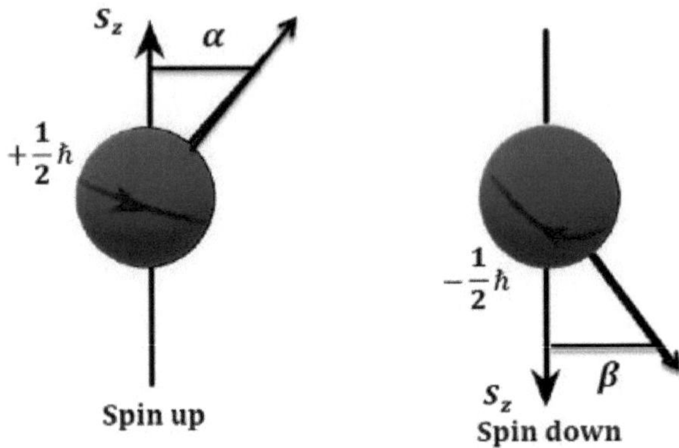

Figura 39: Estados permitidos do spin do eletrão

São degenerados. No entanto, na presença de um campo magnético, a sua degenerescência é eliminada. É por isso que m_s é chamado de número quântico magnético de spin. Normalmente, o estado de spin $m_s = +\frac{1}{2}$ é representado por uma seta para cima ↑ e o estado $m_s = -\frac{1}{2}$ por uma seta para baixo ↓. A sua representação como $\alpha_{\frac{1}{2},\frac{1}{2}}$ e $\beta_{\frac{1}{2},-\frac{1}{2}}$ é semelhante à representação das funções próprias de L^2 e L_z como a, os valores próprios de α e β são:

$$S^2\alpha_{\frac{1}{2},\frac{1}{2}} = \frac{1}{2}\left(\frac{1}{2}+1\right)\hbar^2\alpha_{\frac{1}{2},\frac{1}{2}}$$

$$S^2\beta_{\frac{1}{2},-\frac{1}{2}} = \frac{1}{2}\left(\frac{1}{2}+1\right)\hbar^2\beta_{\frac{1}{2},-\frac{1}{2}}$$

$$S_z\alpha_{\frac{1}{2},\frac{1}{2}} = +\frac{1}{2}\hbar\alpha_{\frac{1}{2},\frac{1}{2}}$$

$$S_z\beta_{\frac{1}{2},-\frac{1}{2}} = -\frac{1}{2}\hbar\beta_{\frac{1}{2},-\frac{1}{2}}$$

Postulado - III

Este postulado baseia-se também na experiência de Stern-Gerlach. Afirma que "o eletrão em rotação actua como um íman, cuja magnitude do momento de dipolo é

$$\mu = \frac{ge}{2mc}\sqrt{\frac{1}{2}\left(\frac{1}{2}+1\right)}\;\frac{h}{2\pi}$$

$$= \sqrt{\frac{1}{2}\left(\frac{1}{2}+1\right)}\;g\,\frac{he}{4\pi mc}$$

$$= \sqrt{\frac{1}{2}\left(\frac{1}{2}+1\right)}\;g\beta_e$$

em que g é o fator de Lande para o spin do eletrão'. Os únicos valores possíveis para a componente z-deste momento de dipolo μ_z são $\pm\beta_e$.

Orbitais espaciais e de spin

A função de onda que especifica o estado de um eletrão de um átomo chama-se orbital. A função de onda dos electrões numa molécula chama-se orbital molecular.

Uma orbital espacial é uma função do vetor posição, r e descreve a distribuição espacial de um eletrão. A probabilidade de encontrar um eletrão num pequeno elemento de volume dr em torno de r é dada por $|\Psi_i(r)|^2 dr$. As orbitais moleculares espaciais formam normalmente um conjunto ortonormal.

$$\int \Psi_i(r)^*\Psi_i(r)dr = \delta_{ij} \dots (315)$$

Para descrever completamente um eletrão, é necessário especificar o seu spin. O spin de um eletrão pode ser completamente descrito pelos seus dois conjuntos de funções de spin ortonormais, α and β. ou seja, spin up ($\uparrow$) e spin down ($\downarrow$). A função de onda de um eletrão que descreve tanto a sua distribuição espacial como o seu spin é uma orbital de spin. A partir de cada orbital espacial, $\Psi(r)$podemos formar duas orbitais de spin multiplicando a orbital espacial pelo coeficiente α ou β funções de spin, respetivamente. As duas orbitais de spin são $\Psi(r)\alpha$ e $\Psi(r)\beta$.

Orbitais de spin

Se não houver interação entre o movimento de spin e o movimento orbital, podemos aplicar as soluções orbitais atómicas à função de spin própria de cada eletrão, nomeadamente α ou β, com os números quânticos de spin $m_s = \ +\frac{1}{2}\ or\ -\frac{1}{2}$, respetivamente. Agora, a função de onda total de cada eletrão é o produto da sua função de onda orbital (função de onda espacial ou orbital) e da sua função de onda de spin. Esta função de onda total de um eletrão é chamada a sua orbital de spin.

A função de onda de ordem zero Ψ_0 de muitos átomos de electrões pode ser representada como o produto dos orbitais de spin dos electrões individuais, havendo $N!$ produtos possíveis de obter por permutação de electrões.

$$\Psi_0 = P[\varphi_a(1).\varphi_b(2)\ ....\ \varphi_r(N)]$$

Aqui a, b, ..., r representa um conjunto de quatro números quânticos n, l, m_l e m_s do eletrão correspondente. Cada um dos (1), (2), ..., (N) representa as quatro variáveis de cada eletrão, sendo três delas r, $\theta\ and\ \varphi$, são variáveis espaciais e a quarta, ω, é a variável de spin. As $\varphi's$ são orbitais de spin.

Interação spin-órbita

O estado de um sistema pode ser representado por uma função de estado ou função de onda. A resolução da equação de onda de Schrodinger correspondente do sistema permite obter os diferentes estados próprios e os valores próprios de energia que lhe estão associados. A função de onda total é a resultante das funções de onda globais dos electrões presentes no sistema. A função de onda deste sistema é uma resultante de todos os electrões. A energia de um eletrão num determinado estado atómico pode ser descrita em termos dos seus números quânticos principal, azimutal, magnético e de spin e os electrões estão presentes em vários estados s, p, d ou f orbitais. Uma vez que um eletrão é uma partícula carregada, o seu movimento de rotação está associado a um momento magnético. Mas um eletrão num átomo executa dois tipos de movimento de rotação - orbital e de spin. Por conseguinte, dá origem a dois tipos de momentos magnéticos e é natural que interajam como dois dipolos magnéticos. A energia da interação é suscetível de afetar os níveis de energia do átomo, o que se manifestará no espetro do átomo. Muito antes de a teoria desta interação spin-órbita ter sido desenvolvida, foi descoberta a estrutura de dupleto das linhas espectrais do hidrogénio. Assim, tanto a repulsão interelectrónica como as interações spin-órbita servem para remover a degenerescência de uma dada configuração eletrónica envolvendo electrões fora da camada fechada. A influência da interação adicional na remoção da degenerescência de uma configuração eletrónica pode ser explicada em termos de acoplamento Russel-Saunders ou acoplamento L-S e acoplamento J-J. Destes dois, o mais comum é o acoplamento Russel-Saunders e este último tem apenas uma influência menor.

Acoplamento Russel-Saunders ou acoplamento L-S

Na aproximação de acoplamento de Russel-Saunders, a interação entre os momentos orbitais individuais e entre os momentos de spin individuais é maior do que a interação spin-órbita individual. Esta aproximação parece ser válida para elementos mais leves que o número atómico, $Z = 30$. Aqui todos os momentos angulares orbitais dos diferentes electrões (l_i) num átomo para dar um número quântico de momento angular orbital total ou resultante, L. 'L' deve ser zero ou integral e é uma soma vetorial dos valores l-para todos os electrões. A soma é simplificada pelo facto de os electrões das camadas fechadas não contribuírem para L, uma vez que os seus momentos angulares orbitais e momentos angulares de spin são iguais a zero. Assim, apenas os electrões fora de um invólucro fechado devem ser considerados.

O momento angular orbital total, L de um sistema com dois electrões de valência com números quânticos azimutais l_1 e l_2 e pode ser calculado aplicando a série de Clebsch-Gorden,

$$L = |l_1 + l_2|, \ |l_1 + l_2 - 1|, \ \ldots\ldots\ldots, \ |l_1 - l_2| \ \ldots (316)$$

Para três electrões, os valores L são obtidos encontrando primeiro esses valores para dois dos electrões e depois adicionando vectorialmente o valor l para o terceiro eletrão e assim por diante.

Consideremos um sistema com a configuração p^3 configuração. Aqui para os três p electrões, $l_1 = l_2 = l_3 = 1$. Primeiro acoplamos dois electrões. Assim $l_{12} = 2,1,0$.

O terceiro eletrão está acoplado a um destes, dando origem a

$L = |2 + 1|, \ |2 + 1 - 1|, \ \ldots\ldots\ldots, \ |2 - 1| = 3, \ 2, \ 1$ correspondente a $l_{12} = 2$

Do mesmo modo, correspondente a $l_{12} = 1$; $L = 2,1,0$ e $L = 0$ correspondente a $l_{12} = 0$

Por conseguinte, o total de valores diferentes possíveis L valores são 3,2,1,0.

De uma forma semelhante, os spins individuais acoplam-se para dar um número quântico de momento angular de spin total ou resultante, S. 'S' é obtido pela soma algébrica dos valores 's' dos valores dos electrões individuais.

$$ie\ S = \sum_i s_i \dots (317)$$

Por último, tal como o $'l'$ e $'s'$ podem acoplar-se (interação spin-órbita) para dar um valor $'j'$ para um único eletrão, também os valores L e S podem acoplar-se para dar uma série de valores J para todos os electrões. J é o chamado número quântico do momento angular total e os seus valores possíveis são

$$J = |L + S|,\ |L + S - 1|,\ \dots\dots\dots,\ |L - S| \dots (318)$$

J pode ter apenas valores positivos ou ser zero. J terá valores integrais quando S é um número inteiro e valores semi-integrais, quando S é um meio-inteiro.

Um estado atómico com L e S é constituído por um grupo de componentes, com energias geralmente próximas. O número de componentes do grupo é igual ao número de valores J valores possíveis. O estado particular é então dito multipleto e tem uma multiplicidade igual ao número de valores J valores. Em geral, a multiplicidade será $2S + 1$ desde que $L > S$. Se $L < S$ existe apenas um valor possível de J, embora $2S + 1$ possa ser maior que a unidade.

Acoplamento **J-J**

Se a interação spin-órbita for forte, o momento angular orbital (l) e o momento angular de spin (s) estão fortemente acoplados à resultante j para cada eletrão. Então o momento angular $j's$ de todos os electrões acoplam-se fracamente para dar a resultante ou momento angular total J. A isto chama-se $j - j$ acoplamento. Neste acoplamento L e S perdem o seu significado, uma vez que não são especificados.

Estados energéticos dos átomos e símbolos de termos atómicos

O acoplamento dos momentos angulares orbitais e de spin tem grande significado, pois leva a conclusões interessantes sobre os estados energéticos de um átomo. Estas conclusões podem ser obtidas apenas com base nos momentos angulares orbitais (l) e do spin (s) orbitais e de spin. Num átomo, cada eletrão tem o seu l e s valores. Um conjunto de tais valores l e s pode, por acoplamento, dar origem a um conjunto de valores L, S e J. Cada conjunto de valores L, S e J caracteriza um estado energético, também designado por "termo" do átomo. Por conseguinte, haverá um certo número de termos para um átomo. Em espetroscopia atómica, a cada termo é atribuído um símbolo, designado "símbolo do termo", denotado por

$$^{2s+1}L_J$$

L é expresso no símbolo através de letras maiúsculas S, P, D, F, G, ... para $L = 0, 1, 2, 3, 4, ...$ respetivamente. O número de valores J, designados por "níveis", é determinado pelo número de termos da série de Clebsch-Gorden em cada caso.

$$J = L + S, L + S - 1, L + S - 2, ..., |L - S|$$

L	0	1	2	3	4	....

Carta de condições	S	P	D	F	G	....

Nota: Os alfabetos E e J não são considerados letras de termo porque são geralmente utilizados como símbolos da energia e do momento angular total, respetivamente

Em geral, **"os símbolos de termo são uma descrição abreviada da energia, do momento angular e da multiplicidade de spin de um átomo num determinado estado"**.

O menor valor positivo de J é dado por $[L - S]$. O número de termos é chamado de "multiplicidade" em cada caso.

Para $L \geq S$ o número de termos da série será $2S + 1$ (a multiplicidade de spin) e para $L \leq S$, o número de termos será $2L + 1$ (a multiplicidade de termos).

Por exemplo, para $L = 2$, $S = \frac{1}{2}$, haverá dois valores de J ($2S + 1 = 2$) que são $J = L + S = \frac{5}{2}$ e $J = L + S - 1$ or $L - S = \frac{3}{2}$.

Para $L = 1$, $S = \frac{3}{2}$, existirão $2L + 1 = 3$ valores de J, $viz,$ $\frac{5}{2}, \frac{3}{2}$ and $\frac{1}{2}$ e, portanto, apenas três estados, apesar da multiplicidade de spin, $2S + 1 = 4$.

Para um determinado valor de L ou S, existirá $2L + 1$ ou $2S + 1$ valores, respetivamente, da sua z-denotados por M_L or M_S. Os valores de M_L and M_S são obtidos a partir de m_l and m_s respetivamente, de cada um dos electrões por simples soma.

$$M_L = \sum_i m_l \; ; \; M_S = \sum_i m_s$$

Derivação de símbolos de termos

No caso de um átomo com um eletrão, $L = l$ and $S = s = \frac{1}{2}$. Os símbolos dos termos são derivados da seguinte forma.

Para $L = l = 0$ (s estado), existe apenas um nível com $J = j = \frac{1}{2}$; $2S + 1 = 2$. Aqui $L < S$, pelo que o número de termos será igual a $2L + 1 = 2 \times 0 + 1 = 1$. *ie* apenas um valor de J

$$\left(\begin{array}{c} J = L + S, \ L + S - 1, \ \ldots\ldots, \ |L - S| \\ = 0 + \frac{1}{2}, \ \ldots, \ \left|0 - \frac{1}{2}\right| \\ = \frac{1}{2} \end{array} \right).$$

Também $L = 0$, corresponds to the term letter S. Portanto, o símbolo do termo é $^2S_{\frac{1}{2}}$.

Para $L = l = 1$ (p estado), e $S = s = \frac{1}{2}$

Aqui $L > S$, logo o número de termos será igual a $2S + 1 = 2 \times \frac{1}{2} + 1 = 2$. *ie* dois valores de J

$$\left(\begin{array}{c} J = L + S, \ L + S - 1, \ \ldots\ldots, \ |L - S| \\ = 1 + \frac{1}{2}, \ \ldots, \ \left|1 - \frac{1}{2}\right| \\ = \frac{3}{2}, \ \frac{1}{2} \end{array} \right).$$

Também $L = 1$ corresponde ao termo letra P. Portanto, os símbolos do termo são $^2P_{\frac{3}{2}}, {}^2P_{\frac{1}{2}}$.

Para $L = l = 2$ (d estado), e $S = s = \frac{1}{2}$

Aqui $L > S$, logo o número de termos será igual a $2S + 1 = 2 \times \frac{1}{2} + 1 = 2$. *ie* dois valores de J

$$\left(\begin{array}{c} J = L + S, \ L + S - 1, \ \ldots\ldots, \ |L - S| \\ = 2 + \frac{1}{2}, \ \ldots, \ \left|2 - \frac{1}{2}\right| \\ = \frac{5}{2}, \ \frac{3}{2} \end{array} \right).$$

Também $L = 2$ corresponde ao termo letra D. Por conseguinte, os símbolos do termo são $^{2}D_{\frac{5}{2}}$, $^{2}D_{\frac{3}{2}}$.

Acoplamento de vários momentos angulares

Se houver mais de dois momentos angulares a acoplar, o acoplamento pode ser feito aos pares. Suponhamos que temos de associar J_1, J_2 e J_3. Primeiro acoplamos J_1 to J_2 obtendo a resultante $J_{1,2}$; depois acoplamos o $J_{1,2}$ com J_3 para obter o momento angular total J. Em cada acoplamento, o número de estados será determinado usando a série de Clebsch-Gorden.

Por exemplo, suponhamos que temos de determinar o momento angular total, J de três p-electrões ($l = 1$) num átomo. Primeiro, consideremos o acoplamento de dois electrões.

$$ie\ l_{1,2} = 1 + 1,\ 1 + 1 - 1,\ ....,\ |1 - 1| = 2,\ 1,\ 0$$

O terceiro eletrão é então acoplado a um destes, conduzindo o momento angular orbital total L como se segue:

$L = 2 + 1,\ 2 + 1 - 1,\ ...,\ |2 - 1| = 3,2,1$ correspondente a $l_{1,2} = 2$.

$L = 1 + 1,\ 1 + 1 - 1,\ ...,\ |1 - 1| = 2,1,0$ correspondente a $l_{1,2} = 1$.

$L = 0 + 1,\ 0 + 1 - 1,\ ...,\ |0 - 1| = 1$ correspondente a $l_{1,2} = 0$.

Assim, L pode assumir um total de 4 valores possíveis. ie 3,2,1,0

Símbolos de termos para átomos polielectrónicos

Num átomo polielectrónico, as orbitais completamente preenchidas são esfericamente simétricas e, por isso, o momento angular líquido devido aos electrões nestas orbitais é zero. O resto dos electrões pertence à classe dos equivalentes ou não equivalentes. Os electrões equivalentes são aqueles para os quais o momento angular principal (n) e a orbital

(l) são iguais. Por exemplo, na configuração $2p^2$ os dois electrões têm $n_1 = n_2 = 2$ e $l_1 = l_2 = 1$.

Se $n_1 \neq n_2$ ou $l_1 \neq l_2$ os electrões pertencem a uma classe não equivalente. Por exemplo, na $1s^1, 2s^1$ configuração, $n_1 \neq n_2$ ($n_1 = 1$, $n_2 = 2$) e $l_1 = l_2 = 0$.

Para electrões não equivalentes, os cálculos dos valores de L, S e J são simples. Tomemos por exemplo a configuração do estado excitado do carbono, $1s^2, 2s^2, 2p^1, 3p^1$. Os electrões $1s^2, 2s^2$ não contribuem para o total de L, S e J; os dois electrões de $2p^1$ and $3p^1$ não são equivalentes. Assim

$$S = S_{1,2} = S_1 + S_2,\ S_1 + S_2 - 1,\ \dots |S_1 - S_2|$$

$$= \frac{1}{2} + \frac{1}{2},\ \dots,\ \left|\frac{1}{2} - \frac{1}{2}\right| = 1,0$$

$$l_1 = l_2 = 1$$

$$L = l_{1,2} = l_1 + l,\ l_1 + l_2 - 1,\ \dots |l_1 - l_2|$$

$$= 1 + 1,\ 1 + 1 = 1,\ \dots |1 - 1| = 2,1,0$$

O L, S e J e os símbolos dos termos para a configuração do estado excitado do carbono estão resumidos na tabela 8.

L	S	J	Term Symbol
2	1	3,2,1	$^3D_3, ^3D_2, ^3D_1$
2	0	2	$^3D_2$
1	1	2,1,0	$^3P_2, ^3P_1, ^3P_0$
1	0	1	$^1P_1$

0	1	1	$^3S_1$
0	0	0	$^3S_0$
			Tabela 8: Símbolos de termos para o estado excitado do átomo de carbono

Tabela 8: Símbolos de termos para o estado excitado do átomo de carbono

Símbolos de termos moleculares

Uma dada configuração eletrónica de uma orbital molecular pode ter vários estados diferentes, dependendo da forma como os electrões estão dispostos na(s) orbital(is) de valência. Os símbolos de termos moleculares especificam os níveis de energia eletrónica molecular de cada estado. Estes símbolos são semelhantes aos símbolos de termos atómicos, uma vez que ambos seguem o esquema de acoplamento Russell-Saunders. Analogamente aos símbolos atómicos, $L^{2S+1}{}_J$, podemos escrever o símbolo molecular para vários estados moleculares com os símbolos gregos correspondentes como

$$^{2S+1}\Lambda^{(+/-)}_{(g/u)}$$

Aqui, o momento angular orbital eletrónico total ao longo do eixo internuclear é dado pelo símbolo, $\Lambda = |\sum_i l_i| = 0,1,2,3, \dots = \Sigma, \Pi, \Delta, \Phi, \dots$

Os rótulos de simetria dos símbolos de termos moleculares têm origem na teoria dos grupos. Segue a mesma convenção de nomes que $|\sum_i l_i| = L$ exceto que em vez de usar letras inglesas maiúsculas, usa letras gregas maiúsculas: Λ pode ser uma das letras gregas na sequência: $\Sigma \ \Pi \ \Delta \ \Phi$... quando $\Lambda = 0, 1, 2, 3$..., respetivamente. O momento spin-angular total do eletrão S é dado por $S = \sum_i s_i$. O símbolo $(+/-)$ representa a simetria de reflexão da função de onda eletrónica para os estados Σ e

(g/u) representa a simetria de inversão da função de onda eletrónica para os estados diatómicos homonucleares.

Consideremos a molécula F_2 com configuração eletrónica de camada fechada

$$1\sigma_g^2, 1\sigma_u^2, 2\sigma_g^2, 2\sigma_u^2, 3\sigma_g^2, 1\pi_u^4, 1\pi_g^4.$$

O caso mais simples de uma orbital molecular é aquele em que todos os electrões estão emparelhados nas suas orbitais. Nesse caso, o spin líquido ou o momento angular orbital será $S = \Lambda = 0$, e obtemos uma função de onda eletrónica totalmente simétrica. Assim, o símbolo do termo molecular é

$$^1\Sigma_g^+$$

Em comparação com os símbolos de termos atómicos, os símbolos de termos moleculares são mais complexos e estão associados a termos correspondentes à **paridade e à reflexão**. **A paridade** está associada à operação de inversão e indica a natureza simétrica ou anti-simétrica da orbital molecular em relação à operação de inversão. Para descobrir o rótulo da operação de inversão, começa-se por fixar um ponto arbitrário na orbital molecular e depois traça-se uma linha reta que passa por esse ponto a igual distância em direção oposta (Figura 40). Se os sinais de fase das orbitais moleculares nas direcções opostas forem os mesmos, utiliza-se a notação **g** (para gerade, par) e, se forem diferentes, **u** (para ungerade, desigual) é a notação de paridade para a operação de inversão.

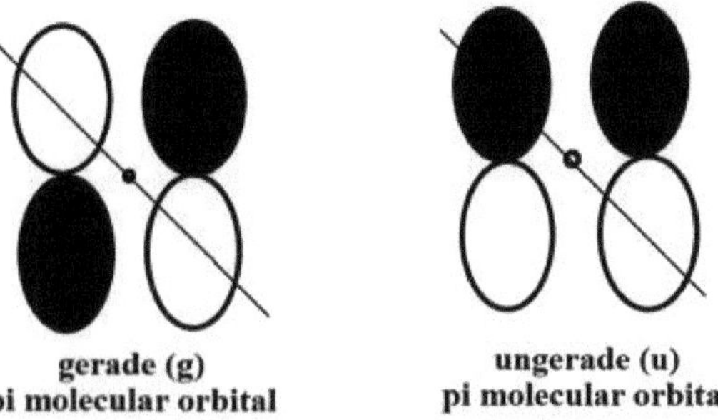

Figura 40: Representação esquemática das orbitais moleculares g e u

Para determinar se um determinado estado é ou não ou, encontre a paridade de cada eletrão de casca aberta e utilize estas regras simples (regras de Laporte):

$$g + g \rightarrow g$$

$$g + u \rightarrow u$$

$$u + u \rightarrow g$$

O rótulo de simetria de **reflexão** aplica-se apenas às orbitais moleculares correspondentes a Σ estados com $\Lambda = 0$. Quando uma orbital molecular é simétrica ou anti-simétrica na reflexão através de um plano que contém ambos os núcleos, é rotulada como $(+)$ ou $(-)$. Para encontrar a reflexão global de um estado, utilize estas regras:

$$(+)(+) \rightarrow +$$

$$(+)(-) \rightarrow -$$

$$(-)(-) \rightarrow +$$

QUESTÕES E PROBLEMAS

Questões objectivas/de escolha múltipla

1. A função de onda que especifica o estado de um átomo eletrónico é designada por ....

(a) orbital

(b) Concha

(c) Nível

(d) Nenhuma das anteriores

Resposta: (a) orbital

Perguntas de resposta curta.

(1) Definir o termo símbolo.

(2) Diferenciar símbolos de termos atómicos e moleculares.

(3) Quais são os símbolos dos termos O_2 ?

(4) Escreva os símbolos dos termos O_2^{-}.

(5) O que é a interação/acoplamento spin-órbita?

(6) Diferenciar o acoplamento L-S e o acoplamento J-J.

Perguntas de resposta longa

(1) Discuta o tratamento mecânico quântico do spin dos electrões.

(2) Explicar os diferentes postulados da rotação.

(3) Explicar o termo molecular símbolo com um exemplo adequado.

(4) Explicar o termo atómico símbolo com um exemplo adequado.

Problemas

(1) Derivar os símbolos dos termos para o átomo de carbono.

(2) Derivar os símbolos dos termos H_2 molécula.

CAPÍTULO 10
Regras de seleção da mecânica quântica

Em termos de mecânica quântica, o estado de qualquer sistema pode ser representado por uma função de onda. Uma transformação química ou uma mudança física está associada à transformação do sistema de um estado próprio para outro estado próprio. As regras de seleção prevêem a probabilidade ou restrições de transição de um estado para outro e dependem do integral do momento de transição entre os estados envolvidos. As condições em que o integral do momento de transição permanece não-vanescente para vários pares de estados possíveis de um dado sistema são conhecidas como regras de seleção para transições permitidas. De acordo com a regra de seleção, se uma transição tiver uma probabilidade elevada de ocorrência, é designada por "transições permitidas". As transições com probabilidade mínima ou nula de ocorrência são designadas por "transição proibida". Assim, as regras de seleção descrevem as transições permitidas ou proibidas entre estados nos sistemas quânticos. Normalmente, a mudança de um sistema é acompanhada por alterações num ou mais números quânticos. Assim, as regras de seleção podem ser enunciadas como conjuntos de alterações de um ou mais números quânticos que caracterizam as propriedades alteradas pela transição.

Por exemplo, quando um átomo ou molécula absorve um fotão, a probabilidade de um átomo ou molécula transitar de um nível de energia para outro depende de dois factores: a natureza das funções de onda dos estados inicial e final e a intensidade com que os fotões interagem com um estado próprio. As forças de transição são utilizadas para descrever a probabilidade de transição. As regras de seleção são utilizadas para

211

determinar se uma transição é permitida ou não. As únicas transições permitidas são aquelas em que o número quântico orbital de um eletrão muda em um e o seu número quântico magnético permanece o mesmo ou muda em um.

As regras de seleção foram divididas em vários tipos, como as regras de seleção eletrónica, as regras de seleção vibracional (incluindo o princípio de Franck-Condon e o acoplamento vibrónico), as regras de seleção rotacional, as regras de seleção orbital e as regras de seleção de spin.

Regras de seleção em espetroscopia

Os espectros resultam de transições electrónicas entre níveis de energia quantizados pela interação da matéria com a radiação electromagnética. Os requisitos para esta interação e a probabilidade de transições espectrais são regidos por determinadas regras de seleção. As regras de seleção são restrições que regem as transições possíveis, ou permitidas, de um estado para outro. A probabilidade de transição de um estado para outro depende do integral do momento de transição entre os estados envolvidos. As condições sob as quais o integral do momento de transição permanece não-vanescente para vários pares de estados possíveis de um dado sistema são conhecidas como regras de seleção para transições permitidas. As transições entre pares de estados para os quais o integral do momento de transição desaparece são ditas transições proibidas.

Se a diferença de energia entre o estado fundamental e o estado excitado for representada por $E_g - E_e$, então a radiação de frequência $'v'$ será absorvida ou emitida pela transição. Se se tratar de uma transição permitida, a frequência da transição pode ser obtida a partir da relação de Bohr,

$$h\nu = E_g - E_e \,\ldots(319)$$

$$= \frac{n_g{}^2}{8m_e a^2} - \frac{n_e{}^2}{8m_e a^2}$$

$$or\ \nu = \frac{n_g{}^2 - n_e{}^2}{8m_e a^2}\ h$$

O comprimento de onda de transição correspondente é

$$\lambda = \frac{c}{\nu} = \frac{8m_e c\ a^2}{\left(n_g{}^2 - n_e{}^2\right)h}\,\ldots(320)$$

Num átomo ou molécula, uma onda electromagnética (por exemplo, luz visível) pode induzir um momento elétrico ou magnético oscilante. Se a frequência do momento elétrico ou magnético induzido for igual à diferença de energia entre um estado próprio Ψ_g e outro estado próprio Ψ_e a interação entre um átomo ou molécula e o campo eletromagnético é ressonante (o que significa que estes dois têm a mesma frequência). Normalmente, a amplitude deste momento (elétrico ou magnético) é designada por momento de transição.

Integral de momento de transição

A expressão teórica para o coeficiente de Einstein de absorção induzida em dois estados diferentes Ψ_g e Ψ_e que deriva da teoria das perturbações dependentes do tempo como

$$B_{ge} = \frac{[\hat{\mu}_{ge}]^2}{6\varepsilon_0 \hbar^2}\,\ldots(321)$$

em que a densidade de radiação é expressa em unidades de Hz. A quantidade $\hat{\mu}_{ge}$ é conhecida como o integral do momento de transição, tendo a mesma unidade que o momento de dipolo,

Na mecânica quântica, a probabilidade de transição (se uma determinada transição é permitida ou não) de uma molécula de um estado próprio Ψ e outro estado próprio Ψ^* depende do valor do integral do momento de transição, $\int \Psi^* \hat{\mu} \Psi \, d\tau$. Para uma transição permitida, o valor deste integral será diferente de zero e para uma transição proibida o seu valor será zero.

Em matemática, a intensidade, I, de uma transição de um estado descrito por Ψ para outro estado descrito por Ψ^* é dada pela equação do tipo,

$$I \propto \int \Psi^* \hat{\mu} \Psi \, d\tau \ldots (322)$$

Neste caso, o operador, $\hat{\mu}$ é designado por operador de momento de transição e todo o integral é o integral de momento de transição. Os operadores de momento de transição são de vários tipos, nomeadamente, os que correspondem a alterações nos dipolos eléctricos e magnéticos, nos multipolos eléctricos ou magnéticos superiores ou nos tensores de polarizabilidade.

O quadrado do integral do momento de transição dá a probabilidade de transição correspondente (P).

$$\text{ie } P \propto [I]^2 = \left[\int \Psi^* \hat{\mu} \Psi \, d\tau\right]^2 \ldots (323)$$

Regras de seleção eletrónica

O operador de momento de transição, $\hat{\mu}$ em espetroscopia eletrónica ou UV-Visível é o operador de momento de dipolo. Para uma transição eletrónica, o integral do momento de transição tem a forma de,

$$\int \Psi^* \hat{\mu} \Psi \, d\tau$$

Aqui o Ψ representa o nível eletrónico no estado fundamental, Ψ^* representa o nível eletrónico do estado excitado. Uma vez que o operador de momento de dipolo depende tanto das coordenadas nucleares ($\hat{\mu}_N$) e das coordenadas electrónicas ($\hat{\mu}_E$), as funções de onda dos estados fundamental e excitado também dependem das coordenadas nucleares e electrónicas. Portanto, podemos escrever,

$$\Psi = \Psi_{E,S}.\Psi_V \dots (324)$$

em que $\Psi_{E,S}$ é a função de onda orbital e de spin combinadas e Ψ_V é a função de onda vibracional.

A função de onda Ψ^* função de onda correspondente é

$$\Psi^* = \Psi_{E,S}{}^{*}.\Psi_V{}^{*}$$

Substituindo estes valores no integral do momento de transição, obtemos

$$I = \int \Psi_{E,S}{}^{*}.\Psi_V{}^{*}(\hat{\mu}_N + \hat{\mu}_E)\Psi_{E,S}.\Psi_V.d\tau$$

$$= \int \Psi_{E,S}{}^{*}.\Psi_V{}^{*}(\hat{\mu}_N)\Psi_{E,S}.\Psi_V.d\tau + \int \Psi_{E,S}{}^{*}.\Psi_V{}^{*}(\hat{\mu}_E)\Psi_{E,S}.\Psi_V.d\tau$$

$$= \int \Psi_{E,S}{}^{*}\Psi_{E,S}.d\tau_{E,S} \int \Psi_V{}^{*}(\hat{\mu}_N)\Psi_V.d\tau_N$$

$$+ \int \Psi_V{}^{*}\Psi_V.d\tau_N \int \Psi_{E,S}{}^{*}(\hat{\mu}_E)\Psi_{E,S}.d\tau_{E,S}$$

Aqui, na equação acima, a função de onda $\Psi_{E,S}$ pode ser escrita como o produto das funções de onda eletrónica e de spin (ou seja $\Psi_{E,S} = \Psi_E.\Psi_S$) e os valores de $\int \Psi_E{}^{*}\Psi_E.d\tau_E = 0$, uma vez que as funções de onda electrónicas são ortogonais entre si. Além disso, o $\hat{\mu}_E$ não actua sobre as coordenadas de spin. Assim, o primeiro termo da equação acima como um todo torna-se zero e o segundo termo torna-se,

$$I = \int \Psi_V{}^{*}\Psi_V.d\tau_N \int \Psi_E{}^{*}(\hat{\mu}_E)\Psi_E d\tau_E \int \Psi_S{}^{*}\Psi_S\,d\tau_S \dots..(325)$$

Aqui o integral vibracional, $\int \Psi_V{}^* \Psi_V . d\tau_N$ é a base da regra de seleção vibracional, o integral, $\int \Psi_E{}^* (\hat{\mu}_E) \Psi_E d\tau_E$ é a base da regra de seleção orbital e $\int \Psi_S{}^* \Psi_S \, d\tau_S$ é a base da regra de seleção de spin. De forma correspondente, numa transição eletrónica existem regras de seleção vibracional, orbital e de spin. Se qualquer um dos integrais da equação acima for zero, a transição é formalmente considerada proibida. Estas regras de seleção não são rigorosas, uma vez que a equação (325) é obtida através de um grande número de aproximações.

Regras de seleção orbital

A regra de seleção orbital estabelece que, para que a transição seja permitida orbitalmente, o integral $\int \Psi_E{}^* (\hat{\mu}_E) \Psi_E d\tau_E$ deve ser diferente de zero. Isto é completamente análogo à regra de seleção vibracional.

Com base na teoria matemática dos grupos e na mecânica quântica, uma transição eletrónica é orbitalmente permitida, se e só se o produto triplo (ou o produto direto das representações irredutíveis de $\Psi_E{}^*, \hat{\mu}_E \; and \; \Psi_E$) $\tau_{(\Psi_E{}^*)} \otimes \hat{\mu}_E \otimes \tau_{(\Psi_E)}$ contém as representações totalmente irredutíveis do grupo de pontos da molécula. Se o produto triplo não contiver uma representação irredutível trivial do grupo de pontos molecular específico, o integral $\int \Psi_E{}^* (\hat{\mu}_E) \Psi_E d\tau_E$ necessariamente desaparece. Aqui $\tau_{(\Psi_E{}^*)}$ e $\tau_{(\Psi_E)}$ são as representações irredutíveis das funções de onda dos estados fundamental e excitado. O operador do momento de dipolo tem três componentes que se transformam em x, y e z. A aplicação desta regra a problemas particulares depende do conhecimento das representações irredutíveis para diferentes grupos de simetria.

Regras de seleção de rodadas

A regra de seleção de spin estabelece que, para que a transição seja permitida, o integral $\int \Psi_S^* \Psi_S \, d\tau_S$ tem de ser diferente de zero. Na prática, esta é a regra de seleção mais fácil de aplicar porque uma transição é permitida se e só se as multiplicidades dos dois estados envolvidos forem idênticas. Isto decorre da ortogonalidade das funções de spin.

Se $\Psi_S^* \neq \Psi_S$, o integral $\int \Psi_S^* \Psi_S \, d\tau_S$ tem de ser zero. Assim, por exemplo, são permitidas as transições de singleto para singleto, de dupleto para dupleto e de quarteto para quarteto, mas são proibidas as transições de singleto para tripleto e de quarteto para dupleto. A regra de seleção de spin é a mais rigorosa das regras de seleção eletrónica.

No caso de uma transição proibida de spin, de acordo com a regra de seleção de spin, o valor de $\int \Psi_S^* \Psi_S \, d\tau_S = 0$ e os coeficientes de extinção (ε) situa-se no intervalo $10^{-5} \, to \, 10^0 \, M^{-1} cm^{-1}$ independentemente da permissividade vibracional e orbital.

Se uma transição for permitida em termos de spin mas proibida em termos orbitais, os coeficientes de extinção (ε) situa-se no intervalo $10^0 \, to \, 10^3 \, M^{-1} cm^{-1}$ independentemente da permissividade vibracional.

Se os integrais de spin e orbital forem diferentes de zero, diz-se que a transição é totalmente permitida e o valor dos coeficientes de extinção (ε) situa-se no intervalo $10^3 \, to \, 10^5 \, M^{-1} cm^{-1}$. Estes vários coeficientes de extinção são apenas valores aproximados e as regras de seleção vibracional não são consideradas no cálculo destes valores.

Uma transição que é permitida tanto a nível de spin como a nível orbital é designada por totalmente permitida e pode ser muito intensa. Deveria ser imediatamente óbvio que, para um estado fundamental totalmente simétrico, apenas a transição para estados excitados que tenham a mesma simetria que pelo menos um dos componentes do operador de momento de dipolo será orbitalmente permitida.

A absorção da radiação UV ou visível corresponde à excitação dos electrões exteriores. Existem três tipos de transição eletrónica que podem ser considerados.

1. transições envolvendo $\pi, \sigma, and\ n$ electrões

2. transições envolvendo transferência de carga de electrões

3. transições envolvendo electrões d e f

Transições electrónicas nos átomos

Um estado atómico com um determinado valor do número quântico principal n, do número quântico do momento angular L, do número quântico de spin S e do número quântico do momento angular total J pode ser representado pelo símbolo do termo atómico correspondente. Com base no esquema de acoplamento de electrões da aproximação de Russel-Saunders, o termo atómico tem a forma geral L $^{2S+1}$J .

Uma transição eletrónica permitida em átomos satisfaz as seguintes regras de seleção.

1. A rotação total não pode mudar, $\Delta S = 0$
2. A variação do momento angular orbital total pode ser $\Delta L = 0, \pm 1$, mas a $L = 0 \leftrightarrow L = 0$ a transição não é permitida;
3. A variação do momento angular total pode ser $\Delta J = 0, \pm 1$, mas a $J = 0 \leftrightarrow J = 0$ não é permitida;
4. A paridade das funções de onda inicial e final deve mudar. A paridade está relacionada com o somatório do momento angular orbital sobre todas as eleições Σl_i que pode ser par ou ímpar; só são permitidas $even \leftrightarrow odd$ transições são permitidas.

Transições electrónicas em moléculas

O estado eletrónico das moléculas pode ser descrito em termos do seu símbolo de termo molecular $^{2S+1}\Lambda_\Omega$. Um certo número de regras de seleção regem as transições que podem ser observadas no espetro eletrónico de uma molécula. As regras de seleção relacionadas com as alterações do momento angular são apresentadas a seguir.

1. $\Delta\Lambda = 0, \pm 1; \Delta S = 0$
2. $\Delta\Sigma = 0 \;; \Delta\Omega = 0, \pm 1$

O último Σ é a componente do spin do eletrão nesse eixo, em que $\Sigma = $ S, S - 1, S - 2, ..., -S.

Há duas regras de seleção relacionadas com alterações de simetria. Primeiro, como mostramos na Justificação seguinte, para os termos Σ, apenas $\Sigma^+ \leftrightarrow \Sigma^+$ e$\Sigma^- \leftrightarrow \Sigma^-$ são permitidos. Em segundo lugar, a regra de seleção de Laporte para moléculas centrossimétricas (aquelas com um centro de inversão) estabelece que as únicas transições permitidas são as transições que são acompanhadas por uma mudança de paridade. As condições de paridade estão relacionadas com a simetria da função de onda molecular reflectida contra o seu eixo de simetria.

Para as moléculas homonucleares, é permitida a transição g $\leftrightarrow$ u. Para as moléculas heteronucleares, aplicam-se as transições $+ \leftrightarrow +$ e $- \leftrightarrow -$.

Para moléculas centro-simétricas, é utilizado um subscrito g or u é utilizado para revelar a simetria molecular em relação à operação de inversão, $i$apenas $u \rightarrow g$ e $g \rightarrow u$ são permitidos. Uma transição proibida $g \rightarrow g$ pode tornar-se permitida se o centro de simetria for eliminado por uma vibração assimétrica, como a mostrada abaixo. Quando o centro de simetria é perdido, as transições g $\rightarrow$ g e u $\rightarrow$ u deixam de ser proibidas por paridade e passam a ser fracamente permitidas. Uma transição que deriva a sua intensidade de uma vibração assimétrica de uma molécula é designada por **transição vibrónica**.

Regras de seleção na espetroscopia de infravermelhos

A atividade no infravermelho de um determinado modo vibracional depende da alteração do valor do momento de dipolo da molécula durante a vibração. O operador do momento de transição em espetroscopia de IV é o operador do momento de dipolo elétrico, $\hat{\mu}$ e tem três componentes nas direcções x, y e z. Assim, pode-se resolver a integral do momento de transição em três componentes ao longo dos eixos x, y e z.

$$\int \Psi^* \hat{\mu}_x \, \Psi \, d\tau$$

$$\int \Psi^* \hat{\mu}_y \, \Psi \, d\tau$$

$$\int \Psi^* \hat{\mu}_z \, \Psi \, d\tau$$

Assim, se qualquer um dos três integrais acima for diferente de zero, será permitida a transição para esse nível.

As simetrias dos operadores de momento de transição componentes podem ser obtidas diretamente a partir da tabela de caracteres do grupo de pontos da molécula. Os operadores/vectores de momento de transição de $\hat{\mu}_x$, $\hat{\mu}_y$ and $\hat{\mu}_z$ é o mesmo que o dos eixos x, y e z ou o dos vectores de translação, T_x, T_y and T_z. A representação irredutível totalmente simétrica no grupo de pontos da molécula é considerada como o estado vibracional fundamental, Ψ. As propriedades de simetria dos estados vibracionalmente excitados, Ψ^* são as mesmas que as do vetor que descreve/forma a base da representação irredutível específica, τ_{vib}. Assim, para encontrar a atividade vibracional, temos de avaliar as simetrias do produto direto da representação irredutível, Ψ a simetria do operador do momento de transição, $\hat{\mu}$ e a simetria da função de onda do estado excitado, Ψ^*,.

$$Sym.\,of\,\Psi \otimes Sym.\,of\,\hat{\mu} \otimes Sym.\,of\,\Psi^* \,....\,(326)$$

Regras de seleção vibracional

1. As transições com $\Delta v = \pm 1, \pm 2$ são todas permitidas para o potencial anarmónico, mas a intensidade dos picos torna-se mais fraca à medida que Δv aumenta.

2. As transições do tipo de $v = 0\,to\,v = 1$ são normalmente designadas por vibrações fundamentais, enquanto as que têm um Δv maior são designadas por sobretons.

3. $\Delta v = 0$ é permitida a transição entre os estados electrónicos inferior e superior com energia E_1 e E_2 estão envolvidos, ou seja $(E_1, v'' = n)$ $\rightarrow (E_2, v' = n)$, em que o duplo primo e o primo indicam o estado quântico inferior e superior.

A geometria das funções de onda vibracionais desempenha um papel importante nas regras de seleção vibracional. Nas moléculas diatómicas, a função de onda vibracional é simétrica em relação a todos os estados electrónicos. Por conseguinte, o integral de Franck-Condon é sempre totalmente simétrico para as moléculas diatómicas. A regra de seleção vibracional não existe para as moléculas diatómicas.

No caso das moléculas poliatómicas, as moléculas não lineares possuem 3N-6 modos normais de vibração, enquanto as moléculas lineares possuem 3N-5 modos de vibração. Com base no modelo do oscilador harmónico, o produto das funções de onda dos 3N-6 modos normais contribui para a função de onda vibracional total, ou seja

$$\Psi_{vib} = \Pi(3N - 6)\Psi_1\Psi_2\Psi_3 \,...\,\Psi_{(3N-6)} \,...\,(327)$$

em que cada modo normal é representado pela função de onda Ψ_i. Em comparação com o fator de Franck-Condon para moléculas diatómicas com um único integral de sobreposição vibracional, é necessário avaliar um produto de 3N-6 (3N-5 para moléculas lineares) integrais de sobreposição. Com base na simetria de cada modo vibracional normal, as funções de onda vibracionais poliatómicas podem ser totalmente simétricas ou não totalmente simétricas. Se um modo normal for totalmente simétrico, a função de onda vibracional é totalmente simétrica em relação a todos os números quânticos vibracionais v. Se um modo normal for não totalmente simétrico, a função de onda vibracional alterna entre funções de onda simétricas e não simétricas à medida que v alterna entre números pares e ímpares.

Se um modo normal particular nos estados electrónicos superior e inferior for totalmente simétrico, a função de onda vibracional para os estados electrónicos superior e inferior será simétrica, resultando no integrando totalmente simétrico no integral de Franck-Condon. Se a função de onda vibracional do estado eletrónico inferior ou superior for não totalmente simétrica, o integrando de Franck-Condon será não totalmente simétrico.

Formulação mecânica quântica do Princípio de Franck-Condon

O princípio de Franck-Condon foi proposto pelo físico alemão James Franck e pelo físico norte-americano Edward U. Condon. É utilizado para explicar a intensidade das linhas de absorção que surgem das transições vibrónicas que acompanham as excitações electrónicas e/ou as ionizações. Este princípio estabelece que uma transição eletrónica tem lugar tão rapidamente que uma molécula em vibração não altera sensivelmente a sua distância internuclear durante a vibração. Neste caso, a transição é tão rápida em comparação com o movimento do núcleo que podemos considerar que o núcleo é estático, e a transição vibracional de um estado vibracional para outro estado é mais provável de acontecer se estes estados tiverem uma grande sobreposição. Explica com sucesso a razão pela qual certos picos num espetro são fortes enquanto outros são fracos (ou mesmo não observados) na espetroscopia de absorção.

Este princípio foi formulado utilizando a aproximação dipolar de uma transição eletrónica excitada por ondas electromagnéticas. A intensidade das caraterísticas espectroscópicas observadas pode ser descrita como uma integral do momento de transição no âmbito da teoria quântico-mecânica da seguinte forma:

$$I = \int \Psi^* \hat{\mu} \, \Psi \, d\tau$$

Nesta expressão, Ψ e Ψ^* são as funções de onda totais dos estados electrónicos fundamental e excitado, respetivamente, e $\hat{\mu}$ é o operador do momento de dipolo.

Ignorando a rotação e aplicando a aproximação de Born-Oppenheimer, a função de onda total pode ser escrita como,

$$\Psi = \Psi_{E,S} . \Psi_V$$

em que $\Psi_{E,S}$ é a função de onda orbital e de spin combinadas e Ψ_V é a função de onda vibracional.

A função de onda Ψ^* função de onda correspondente é

$$\Psi^* = \Psi_{E,S}{}^* . \Psi_V{}^*$$

Além disso, uma vez que o operador do momento de dipolo depende tanto das coordenadas nucleares ($\hat{\mu}_N$) e das coordenadas electrónicas ($\hat{\mu}_E$), as funções de onda dos estados fundamental e excitado dependem também das coordenadas nucleares e electrónicas.

$$ie \; \hat{\mu} = (\hat{\mu}_N + \hat{\mu}_E)$$

Substituindo estes valores no integral do momento de transição, obtemos

$$I = \int \Psi_{E,S}^{*} . \Psi_V^{*}(\hat{\mu}_N + \hat{\mu}_E)\Psi_{E,S}. \Psi_V . d\tau$$

$$= \int \Psi_{E,S}^{*} . \Psi_V^{*}(\hat{\mu}_N)\Psi_{E,S}. \Psi_V . d\tau + \int \Psi_{E,S}^{*} . \Psi_V^{*}(\hat{\mu}_E)\Psi_{E,S}. \Psi_V . d\tau$$

$$= \int \Psi_{E,S}^{*}\Psi_{E,S}. d\tau_{E,S} \int \Psi_V^{*}(\hat{\mu}_N)\Psi_V . d\tau_N$$

$$+ \int \Psi_V^{*}\Psi_V . d\tau_N \int \Psi_{E,S}^{*}(\hat{\mu}_E)\Psi_{E,S}. d\tau_{E,S}$$

Aqui, na equação acima, a função de onda $\Psi_{E,S}$ pode ser escrita como o produto das funções de onda eletrónica e de spin (ou seja $\Psi_{E,S} = \Psi_E . \Psi_S$) e os valores de $\int \Psi_E^{*}\Psi_E . d\tau_E = 0$, uma vez que as funções de onda electrónicas são ortogonais entre si. Além disso, o $\hat{\mu}_E$ não actua sobre as coordenadas de spin. Assim, o primeiro termo da equação acima como um todo torna-se zero e o segundo termo torna-se,

$$I = \int \Psi_V^{*}\Psi_V . d\tau_N \int \Psi_E^{*}(\hat{\mu}_E)\Psi_E d\tau_E \int \Psi_S^{*}\Psi_S \; d\tau_S \dots (328)$$

O integral, $\int \Psi_E^{*}(\hat{\mu}_E)\Psi_E d\tau_E$ é a base da regra de seleção orbital e $\int \Psi_S^{*}\Psi_S \; d\tau_S$ é a base da regra de seleção de spin.

O termo $\int \Psi_E^{*}(\hat{\mu}_E)\Psi_E d\tau_E \int \Psi_S^{*}\Psi_S \; d\tau_S$ corresponde ao integral do momento de transição eletrónica e é designado por R_e. No caso das transições vibracionais, o elemento de volume, $d\tau_N$ é substituído por dr porque a função de onda vibracional, Ψ_V, depende apenas da distância internuclear. Assim, a equação (x) passa a ser,

$$I = R_e \int \Psi_V^{*}\Psi_V . dr \dots (329)$$

As intensidades relativas das várias bandas do sistema dependem principalmente do quadrado de $\int \Psi_V{}^* \Psi_V . dr$, que é o integral sobre o produto da função de onda vibracional dos dois estados combinados. É conhecido como fator de Frank-Condon, $q^{v*,v}$.

$$ie \ q^{v*,v} = [\int \Psi_V{}^* \Psi_V . dr]^2 .....(330)$$

O valor do fator de Frank-Condon não é necessariamente zero (não tem de ser ortogonal), uma vez que as duas funções de onda vibracionais não pertencem ao mesmo estado eletrónico. Este fator regula a contribuição da transição vibracional para a probabilidade de transição e a sobreposição das funções de onda vibracionais dos estados electrónicos fundamental e excitado. A magnitude deste integral modula a intensidade das bandas de absorção, que é determinada principalmente pelas regras de seleção orbital e de spin.

Regras de seleção na espetroscopia Raman

A dispersão Raman é um processo de dois fotões em que o primeiro fotão executa a molécula para um estado intermédio elevado, conhecido como estado virtual. Os estados virtuais não são verdadeiros estados estacionários da molécula e, por conseguinte, não são as funções próprias do Hamiltoniano molecular. Estes estados virtuais são considerados como estados estacionários do sistema complexo fotão-molécula de vida extremamente curta. Emitem imediatamente o fotão e regressam a um estado molecular que pode ser diferente do estado original. Assim, a dispersão Raman é um processo de dois fotões, em que um fotão é absorvido e outro é emitido. A polarizabilidade molecular e o momento de dipolo de transição para uma transição Raman transformam-se num dos produtos cartesianos $x^2, y^2, z^2, xy, xz,$ and yz listados na tabela de caracteres do grupo de pontos moleculares correspondente.

A transição entre diferentes estados vibracionais na espetroscopia Raman pode ser explicada de forma semelhante à da espetroscopia de IV. O integral do momento de transição é dado por

$$\int \Psi^* \alpha \, \Psi \, d\tau$$

em que α é o termo de polarizabilidade molecular na dispersão Raman.

O efeito Raman depende da extensão do dipolo induzido por um feixe laser. O dipolo induzido, P durante a vibração, está relacionado com o tensor de polarizabilidade pela seguinte equação, $P = \alpha E$ em que E é o campo elétrico e α é a polarizabilidade.

As componentes do momento de dipolo induzido P ao longo dos eixos $x,\ y$ e z são escritas como

$$P_x = \alpha_{xx}E_x + \alpha_{xy}E_y + \alpha_{xz}E_z$$

$$P_y = \alpha_{yx}E_x + \alpha_{yy}E_y + \alpha_{yz}E_z$$

$$P_z = \alpha_{zx}E_x + \alpha_{zy}E_y + \alpha_{zz}E_z$$

Estas equações podem ser escritas como uma equação matricial,

$$\begin{bmatrix} P_x \\ P_y \\ P_z \end{bmatrix} = \begin{bmatrix} \alpha_{xx} & \alpha_{xy} & \alpha_{xz} \\ \alpha_{yx} & \alpha_{yy} & \alpha_{yz} \\ \alpha_{zx} & \alpha_{zy} & \alpha_{zz} \end{bmatrix} \begin{bmatrix} E_x \\ E_y \\ E_z \end{bmatrix}$$

No caso do espetro Raman vibracional, $\alpha_{jk} = \alpha_{kj}$ em que $j\ ou\ k = x,\ y\ ou\ z$. Por conseguinte, dos nove termos, apenas seis devem ser considerados.

$$\alpha_{xy} = \alpha_{yx}, \alpha_{zx} = \alpha_{xz}, \alpha_{yz} = \alpha_{zy}, \alpha_{xx} = \alpha_{x^2}, \alpha_{yy} = \alpha_{y^2}, \alpha_{zz} = \alpha_{z^2}$$

De forma correspondente, existem seis componentes distintas de integrais de momentos de transição.

$$\int \Psi^* (\alpha_{xx}/\alpha_{x^2})\, \Psi\, d\tau$$

$$\int \Psi^* (\alpha_{yy}/\alpha_{y^2})\, \Psi\, d\tau$$

$$\int \Psi^* (\alpha_{zz}/\alpha_{z^2})\, \Psi\, d\tau$$

$$\int \Psi^* (\alpha_{xy}/\alpha_{yx})\, \Psi\, d\tau$$

$$\int \Psi^* (\alpha_{zx}/\alpha_{xz})\, \Psi\, d\tau$$

$$\int \Psi^* (\alpha_{yz}/\alpha_{zy})\, \Psi\, d\tau$$

Se qualquer um dos seis integrais acima referidos for diferente de zero, essa vibração será ativa em Raman. As simetrias do dipolo de transição ou do tensor de polarizabilidade numa transição Raman transformam-se como um dos produtos cartesianos ou funções binárias $(x^2, y^2, z^2, xy, xz, yz)$ na tabela de caracteres da molécula do grupo de pontos. A representação irredutível totalmente simétrica no grupo de pontos da molécula é considerada como o estado vibracional fundamental, Ψ. As propriedades de simetria dos estados vibracionalmente excitados, Ψ^* são as mesmas que as do vetor que descreve/forma a base para a representação irredutível particular, τ_{vib}. Assim, para determinar a atividade Raman, temos de avaliar as simetrias do produto direto da representação irredutível, Ψ a simetria do tensor de polarizabilidade ou do dipolo de transição, $(\alpha_{xy}, \alpha_{xz}, \alpha_{yz}, \alpha_{x^2}, \alpha_{y^2}, \alpha_{z^2})$ e a simetria da função de onda do estado excitado, Ψ^*,.

$$Sym.\, of\ \Psi \otimes Sym.\, of\, \alpha \otimes Sym.\, of\ \Psi^*$$

No caso das moléculas com centro de simetria, existe uma regra de seleção especial denominada "princípio da exclusão mútua". De acordo com esta regra, não haverá linhas fundamentais que sejam comuns aos espectros IR e Raman de uma molécula com centro de inversão.

Regras de seleção Raman

A condição necessária para a observação do espetro Raman é a polarizabilidade molecular anisotrópica que surge quando a molécula roda num campo elétrico. A aplicação de um campo elétrico externo a uma molécula resulta na sua distorção, e a molécula distorcida adquire uma contribuição para o seu momento de dipolo (mesmo que seja inicialmente não polar). A molécula distorcida volta ao seu valor inicial após uma rotação de apenas 180^0 (ou seja, duas vezes uma revolução). Esta é a origem da regra de seleção $\Delta J = \pm 2$ regra de seleção na espetroscopia Raman rotacional.

Para moléculas diatómicas, a regra de seleção específica é dada por $\Delta J = 0, \pm 2$. O $\Delta J = 0$ corresponde à linha de Rayleigh, o $\Delta J = 2$ corresponde à linha de Stokes e o $\Delta J = -2$ corresponde à linha de Anti-Stokes.

Regras de seleção na espetroscopia de micro-ondas

As moléculas com momento de dipolo permanente apresentam um momento de dipolo de transição que está em ressonância com o campo eletromagnético para a espetroscopia de micro-ondas. Este espetro surge como resultado da rotação molecular que é normalmente observada na região das micro-ondas, também designada por espetro rotacional.

Uma aplicação sofisticada da equação de Schrodinger no modelo de rotor rígido dá o valor da energia rotacional como $E_J = \frac{h^2}{8\pi^2 Ic} J(J +$

$1) = B J(J + 1)$. Aqui, $B = \frac{h^2}{8\pi^2 I c}$ cm^{-1}é chamada constante rotacional e pode ser obtida a partir do espaçamento entre linhas rotacionais no espetro rotacional. A separação entre dois níveis rotacionais adjacentes é dada por; $\Delta E_J = E_{(J+1)} - E_{(J)} = 2B(J + 1)cm^{-1}$. Os números de onda dos diferentes níveis rotacionais serão; 0, 2B, 6B, 12B, 20B, 30B (cm^{-1}),... e assim por diante.

Regras de seleção rotativa

Existem três regras para os espectros rotacionais, das quais duas têm um papel muito firme.

1. A molécula só produz um espetro rotacional se tiver um momento de dipolo permanente ($\Delta\mu \neq 0$).
2. Transições com $\Delta J = \pm 1, 0$

A regra de seleção rotacional exige que as transições com $\Delta J = \pm 1$ são permitidas. As transições com $\Delta J = 1$ são definidas como R transições de ramo, enquanto as transições com $\Delta J = -1$ são definidas como P transições de ramo. As transições rotacionais são rotuladas convencionalmente como P ou R, com o número quântico rotacional J do estado eletrónico inferior entre parênteses. Por exemplo, $R(2)$ especifica a transição rotacional de $J = 2$ no estado eletrónico inferior para $J = 3$ no estado eletrónico superior.

As transições do tipo com $\Delta J = 0$ são permitidas quando estão envolvidos dois estados electrónicos ou vibracionais diferentes. As transições do ramo Q só têm lugar quando existe um momento angular orbital líquido num dos estados electrónicos. Portanto, o ramo Q não existe para $1\Sigma \leftrightarrow 1\Sigma$ transições electrónicas porque o estado eletrónico Σ não possui qualquer momento angular orbital líquido. Por outro lado, o ramo Q existirá se um dos estados electrónicos tiver momento angular. Nesta situação, o momento angular do fotão anula-se com o momento angular do estado eletrónico, pelo que a transição terá lugar sem qualquer alteração do estado rotacional. O esquema das transições dos ramos P, Q e R é apresentado a seguir (Figura 41).

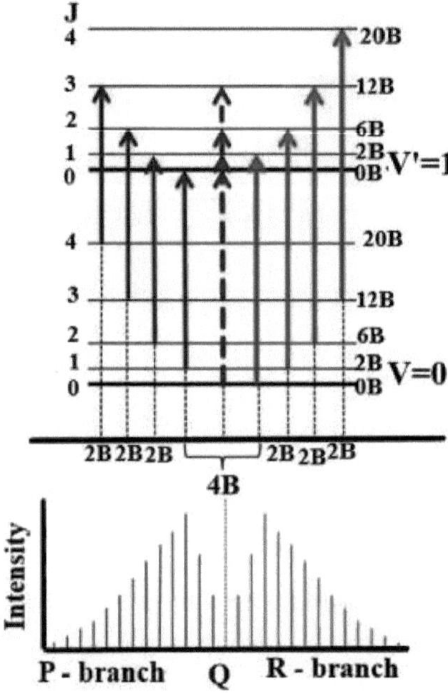

Figura 41: Diagramas esquemáticos das transições dos ramos P, Q e R

3. $\Delta MJ = 0, \pm 1$ esta regra só é válida para os casos em que as moléculas se encontram num campo elétrico ou magnético.

QUESTÕES E PROBLEMAS

Questões objectivas/de escolha múltipla

1. Qual é a condição essencial para que uma molécula seja ativa no micro-ondas?

(a) Momento de dipolo permanente

(b) Polarizabilidade

(c) Momento de dipolo induzido.

(d) Nenhum destes

Resposta: (a) Momento de dipolo permanente

2. Quais são as regras de seleção para a absorção FTIR?

A: A absorção só ocorre para moléculas simétricas

B: A absorção só ocorre com uma mudança de dipolo

C: A absorção requer um número quântico vibracional ímpar

D: A absorção requer a promoção para um novo nível quântico

(a) C e D

(b) A e D

(c) A, B e C

(d) B e D

Resposta: (d) B e D

3. O espetro Raman rotacional é constituído por uma série de linhas com frequências de:

(a) 6B, 8B, 16B ....

(b) 4B, 8B, 12B ....

(c) 6B, 12B, 18B ....

(d) 6B, 10B, 14B ....

Resposta:

4. De que factores dependem as frequências de estiramento vibracional de uma molécula diatómica?

(a) Constante de força

(b) População atómica

(c) Temperatura

(d) Campo magnético

Resposta:

5. A transição de um estado rotacional para outro no estado rotacional é regida por: (a) Condição quântica de Bohr

(b) $\Delta J = \pm J$

(c) A molécula deve ter um momento de dipolo permanente

(d) Todas as anteriores

Resposta:

6. A regra de seleção dos níveis de energia translacionais no espetro Raman é ΔJ é igual a

(a) $\Delta J = \pm 2$

(b) $\Delta J = +1$

(c) $\Delta J = +2$

(d) Todas as anteriores

Resposta: (a) $\Delta J = \pm 2$

7. Para que um determinado modo vibracional apareça no espetro Raman, o que é que tem de mudar?

(a) Frequência da radiação

(b) Intensidade da radiação

(c) Forma da molécula

(d) Polarizabilidade da molécula

Resposta: d) Polarizabilidade da molécula

26. O dipolo magnético do eletrão é proporcional ao seu

(a) Momento angular

(b) Girar

(c) Encargos

(d) Todas as anteriores

Resposta:

29. O coeficiente de Einstein dá o

(a) Probabilidade de absorção de um fotão

(b) Intensidade do momento de dipolo magnético

(c) Taxa de emissão espontânea

(d) Taxa de emissão estimulada

Resposta:

Perguntas de resposta curta.

(1) O que é o princípio de Frank-Condon?

(2) Indicar e explicar o princípio de Frank-Condon

(3) Quais são as regras de seleção para a espetroscopia de infravermelhos?

(4) Quais são as regras de seleção para a espetroscopia eletrónica?

(5) O que é o integral do momento de transição?

(6) Quais são as regras de seleção para a espetroscopia rotacional pura/espetroscopia de micro-ondas?

(7) Qual é a condição para que uma molécula seja ativa nas micro-ondas? Porquê?

(8) Escreva uma breve nota sobre os ramos P, Q e R observados no espetro de IV de uma molécula diatómica.

(9) Qual é o significado das regras de seleção nas transições espectroscópicas?

(10) Explique sucintamente a origem da regra de seleção $\Delta J = \pm 2$ regra de seleção na espetroscopia Raman rotacional.

(11) Qual é a importância da regra de seleção de Laporte?

Perguntas de resposta longa

(1) Discuta a formulação mecânica quântica do princípio de Frank-Condon.

(2) Explicar o princípio de Frank-Condon.

(3) Discutir as regras de seleção para a espetroscopia de infravermelhos.

(5) Discuta as regras de seleção da mecânica quântica para várias transições.

(6) Discutir as regras de seleção para a espetroscopia de micro-ondas.

(7) Discutir as regras de seleção para a espetroscopia eletrónica.

(8) Discutir as regras de seleção para a espetroscopia Raman.

(9) Explicar as regras de seleção de spin e de paridade.

Problemas

(1) A constante de força, k, da ligação $C - O$ no monóxido de carbono é $1.87 \times 10^6 \frac{g}{sec^2}$. Assuma que o movimento vibracional do CO é puramente harmónico e utilize a massa reduzida $\mu = 6.587\ amu$. Calcule o espaçamento entre os níveis de energia vibracional nesta molécula, em unidades de $erg\ and\ cm^{-1}$.

Referências

(1) Arthur Beiser, Concepts of Modern Physics, 6ª ed., McGraw-Hill Higher Education (2003).

(2) Peter F Bernath, Spectra of Atoms and Molecules, Oxford University Press (2005).

(3) Peter W Atkins e Ronald S Friedman, Molecular Quantum Mechanics, 5ª ed., Oxford University Press (2011).

(4) Sulabha K. Kulkarni, Nanotechnology: Principles and Practices, 3ª ed., Springer, (2014).

(5) K. I. Ramachandran, G. Deepa e K. Namboori, Computational Chemistry and Molecular Modeling Principles and Applications, Springer, (2008).

(6) David C. Young, Computational Chemistry, A Practical Guide for Applying Techniques to Real-World Problems, A John Wiley & Sons, Inc., Publication, (2004).

(7) David J Griffiths e Darrell F Schroeter, Introduction to quantum mechanics, Cambridge University Press, 3ª ed., (2018).

(8) Arnout Jozef Ceulemans, Group Theory Applied to Chemistry, Springer, (2013).

(9) Ira N. Levine, Quantum Chemistry, 7ª ed., Pearson, (2014).

(10) Eugen Merzbacher, Quantum Mechanics, 3rd ed., A John Wiley & Sons, Inc., Publication, (1998).

(11) K.T. Hecht, Quantum Mechanics, Springer, New York, (2012).

(12) R. K. Prasad, Quantum Chemistry, 3ª ed., New Age International (P) Limited, (1997).

(13) A. K. Chandra, Introductory Quantum Chemistry, 4ª ed., McGraw Hill Education (India) Private Limited, (1994).

(14) R. Anantharaman, Fundamentals of Quantum Chemistry, Macmillan India Limited, New Delhi, (2002).

(15) Donald A McQuarrie, Quantum Chemistry, Viva Books Private Limited, New Delhi, (2007).

(16) Omer Faruk Bicer, Rana Lomlu, Fatmagul Katmer, e Sefik Süzer; *Journal of Chemical Education* **2023** *100* (6), 2423-2429.

(17) Colin N. Banwell e Elaine M. McCash, Fundamentals of Molecular Spectroscopy, (4ª ed.). McGraw-Hill.

(18) Atkins, P. W.; de Paula, J. (2006). "Espectroscopia molecular: Secção: Puro

espectros de rotação". Physical Chemistry (8ª ed.). Oxford University Press.

(19) Química Quântica, Chem LibreTexts.org

(20) M. W. Hanna, Quantum Mechanics in Chemistry, Benjamin, 3ª ed., 1981.

Printed by Books on Demand GmbH, Norderstedt / Germany